做人三思

孙郡锴 编著

中国华侨出版社
·北京·

图书在版编目 (CIP) 数据

做人三忌 / 孙郡锴编著 .—北京：中国华侨出版社，
2007.12（2024.11 重印）
ISBN 978-7-80222-194-9

Ⅰ.做… Ⅱ.孙… Ⅲ.人生哲学—青年读物 Ⅳ.B821-49

中国版本图书馆 CIP 数据核字（2006）第 125880 号

做人三忌

编　　著：孙郡锴
责任编辑：刘晓燕
封面设计：周　飞
经　　销：新华书店
开　　本：710 mm × 1000 mm　1/16 开　　印张：12　字数：130 千字
印　　刷：三河市富华印刷包装有限公司
版　　次：2008 年 1 月第 1 版
印　　次：2024 年 11 月第 3 次印刷
书　　号：ISBN 978-7-80222-194-9
定　　价：49.80 元

中国华侨出版社　北京市朝阳区西坝河东里 77 号楼底商 5 号　邮编：100028
发 行 部：（010）64443051　　　传　真：（010）64439708

如果发现印装质量问题，影响阅读，请与印刷厂联系调换。

前 言

PREFACE

如今，随着社会竞争越来越激烈，如何在社会上立足并得到更多的发展机会，就成为许多人不能不思考的一个现实问题。有的人付出了艰苦的努力，却收获甚微，有的人不停地尝试和选择，到头来却发现更中迷失了自己。

这就是生存的困惑，很多处于迷惘之中的人迫切希望能有那么一些具有实际指导意义的金玉良言，作为座右铭指引自己的人生之路。在这里，我们对正确的生存之道做了全面的提炼，希望能给迷茫中的匆匆行者带来醍醐灌顶的全新感受。

一是"立"之绝道，意思是首先要在做人上站得住、走得稳。我们常说做人要顶天立地，这里的"立"说明了这样一些道理：一个人不能浑浑噩噩地活着，要有自己的道德标准，要有自己的事业基础，这样身处社会才能站得住、走得稳。看看周围那些能够为人所尊重的所谓成功人士，大多是熟稔"立"绝道，通过立身、立业、立己、立言活出人生气概的大号人。

二是"做"之绝学，意思是只有付诸行动、脚踏实地去做才能期望有所收获。生存的第一要务就是不断做事，大事、小事、工作事、家里事，人活一生可以说事事不断。一个人如果生活、事业上不那么成功，最好从"做"？上找原因：该做的事做了没有、做对了没有？记住"做"这个要诀，从现在开始于做，你会找到最佳的生存方式，拥有一个不一样的生存环境。

三是"弃"之绝智，意思是懂得有所放弃才能轻装前行，更快抵达终点。放弃是一种大智慧，为自己算账，人们都喜欢用加法：职位的提高、财富的增加、经验与知识的积累等等，因为汲取和获得更容易让人有满足感。但是人生也需要——在特定的时候甚至更需要减法，掂量一下肩头、心头的分量，你是否觉得太沉重？那么，何不来个大扫除，为自己清仓，放弃不必要的拖累？

立，做，弃，这三个字看起来很简单，但其中包含的道理却是如此丰富而深刻，需要你穷尽一生的时间去理解、去实践。但有一点可以肯定，不管你对这三个字的理解有多少，只要肯身体力行、照着去做，就一定能收获自己想要的东西，于迷雾之中见到人生的光明。

目　录

CONTENTS

一忌　凡事难立

做人最忌站不住走不稳

我们常说做人要顶天立地，这里的"立"说明了这样一些道理：一个人不能浑浑噩噩地活着，要有自己的道德标准，要有自己的事业基础，这样身处社会才能站得住、走得稳。看看周围那些能够为人所尊重的所谓成功人士，大多是熟稔"立"字诀，通过立身、立业、立己、立言，活出人生气概的大写的人。

二忌　该做不做

改变做法就能改变结果

生存的第一要务就是不断做事，大事、小事、工作事、家里事，人活一生可以说事事不断。一个人如果生活、事业上不那么成功，最好从"做"上找原因：该做的事做了没有、做对了没有？记住"做"这个要诀，从现在开始做，你会找到最佳的生存方式，拥有一个不一样的生存环境。

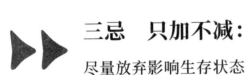

三忌 只加不减：
尽量放弃影响生存状态的负担

放弃是一种大智慧。为自己算账，人们都喜欢用加法：职位的提高、财富的增加、经验与知识的积累等等，因为汲取和获得更容易让人有满足感。但是人生也需要——在特定的时候甚至更需要减法，掂量一下肩头、心头的分量，你是否觉得太沉重？那么，何不来个大扫除，为自己清仓，放弃不必要的拖累？

第十二章　放弃僵化思维：做人做事不能过于死板 // 171

一忌　凡事难立

做人最忌站不住走不稳

◆━━━━━━━━━━━━━━━

我们常说做人要顶天立地，这里的"立"说明了这样一些道理：一个人不能浑浑噩噩地活着，要有自己的道德标准，要有自己的事业基础，这样身处社会才能站得住、走得稳。看看周围那些能够为人所尊重的所谓成功人士，大多是熟稔"立"字诀，通过立身、立业、立己、立言，活出人生气概的大写的人。

▶▶ 第一章 立身：
▶▶
以为人处世之道奠定生存根基

　　每个人在社会上生存，时间久了会形成一个相对固定的社会形象：诚实或奸诈，慷慨或吝啬，温和或严厉，不拘小节或斤斤计较等等。这个社会形象决定你的社会关系：你有什么样的朋友，周围的人是否信赖你，喜欢你，愿意帮助你。只有以正确的为人处世之道立身的人才能为自己赢得更加广阔的生存和发展空间。

以忠信笃敬走遍天下

　　一个人要想赢得别人的信任，关键在于老老实实地做人。因此我们应该从小严格要求自己不说谎话，言行一致，答应别人的事就要放在心上，努力做到，长大才能成为一个诚实守信的人。

守信可以产生巨大的力量。古代政治家商鞅就曾以守信换取民心。商鞅的变法条令准备好后，担心民众不信，就在国都的南门立了一根木柱，张贴告示说有谁将它搬到北门，便赏黄金10两。众人看了都不相信，没有一个人去搬。于是，他又贴出告示："谁能扛去赏黄金50两。"这时，有一个人抱着试一试的想法，将这根木柱扛到了北门。没想到，他马上得到了50两黄金的赏钱。商鞅这种"言而有信"的做法，使老百姓都相信了他的变法条令。

有一个国王给孩子们每人一些花籽，叫他们去种花，当花朵盛开时，再把盆花送到王宫来。国王事先悄悄地把花籽煮过，不可能发芽了，可是到了规定的日子，孩子们都把一盆盆艳丽夺目的花儿送来，他们都是为了得到国王的奖励，换了花籽种出来的。只有一个叫宋全的孩子，双手捧的是没有鲜花的花盆。宋全凭着诚实的美德，赢得国王的赏识，得到了奖励。

孔子的学生子张问怎样才能使自己通达。孔子说："说话忠诚守信，行为笃实严谨，即使到了边远的部族国家，也能够通达。说话不忠诚守信，行为不笃实严谨，即使在本乡本土，能行得通吗？站立时仿佛看见'忠信笃实'这几个字显现在前面，坐在车中仿佛看见这几个字在辕前的横木上，能够做到这样，便能够处处通达了。"子张便把孔子的话记在束腰的大带上。

孔子的意思其实也很简单，就是要求子张把"忠信笃敬"作为座右铭"印在脑子里，溶化在血液中，落实在行动上"。做到了这一点，就可以"有理走遍天下",做不到这一点,则"无理寸步难行"。

孔子曰:"人而无信,不知其可也。"孟子有云:"诚者,天之道也;思诚者,人之道也。""无信不立"、"一诺千金"、"言必信,行必果"等古训,已将诚信深深融入民族文化和民族精神的血液里。然而,一部分国人却偏离了诚信的方向,使我们的身边充斥着种种令人汗颜的不诚信行为。

然而为什么践踏"诚信",损害"诚信"的现象会屡禁不止?

法国老太瑞70岁时,有个律师同她订了一份契约。契约规定:老太有生之年,那律师每月付给她2500法郎的生活费;老太去世之后,她的房产归律师所有。然而,令律师意想不到的是,这生活费一出就是30年,直到律师去世,老太还健在。而律师总共付出90万法郎,就是按分期付款购房30年也足够买下三四套这样的房子。这件事本身,也许被某些人当做"贪小便宜吃大亏"的笑料,而从诚信的角度看来,这正是遵守诚信的最好典范。因为这名律师完全可以利用他的法律知识,想办法终止已经让他"吃亏"的契约。但他没有。他为了继续遵守诚信,宁愿吃亏,履行契约,直至死亡。

实现诺言,遵守诚信,有时可能让人失去什么,但同时也会让人得到用金钱换不来的东西——这就是尊重。其实不仅仅是商家,我们每个人都应遵守诚信,诚信是对每位公民的基本素质要求。"诚"是对人的态度,忠诚、诚实;"信"是做人的态度,守信、信誉。诚实守信,也就是诚信。形成诚信的社会风气,既要有制度作保障,同时又需要人与人之间的以诚相待。这正是我们这个社会所需要的。

在一般情形下,或者说在正常的社会环境下,孔子的话当然是不错的，一个人没有忠信笃敬的品质，就会像一个玩世不恭的花花公子或所谓"嬉皮士"一样，缺乏专注、进取的精神，很可能一事无成，自然也就无所谓通达了。但在特殊的社会环境下，尤其是处于尔虞我诈的现实之中，一味地忠信笃敬，不多一个心眼，做到知己知彼，那也是很容易上当受骗，落入他人所设置的圈套之中的。

所以，我们一方面确实要像子张一样记住圣人的教导，把"忠信笃敬"这几个字作为我们的座右铭。但另一方面，面对复杂多变的社会现实，也要多长一个心眼，在忠信笃敬的基础上来一点通权达变，不要愚忠。

这不是投机取巧，而是反映在"忠信笃敬"上的辩证法。

为此，孔子又说到要胸襟宽广而明察。他说："不逆诈，不亿不信，抑亦先觉者，是贤乎！"即："不预先揣度别人的欺诈，不凭空猜测别人的不诚实，却又能及早发觉欺诈与不诚实。这样的人是贤者了吧！"

不轻易去猜测揣度别人的欺诈和不诚实是胸襟宽广的表现，却又能及早发觉欺诈与不诚实是明察秋毫的睿智。

能够做到这两方面，当然是贤者了，而且是大大的贤者。

从实际情况来看，太明察的人往往疑心重多忌刻，凡事都对人防一手，容易把人想象得很坏，所以显得心胸不够宽广。而一般心胸宽广的人又往往把人想象得太好，对人缺乏心计和防范，所以不够明察。

这两方面的矛盾在圣人的论述中被统一起来了，这当然是高标准严要求，我们一般人是望尘莫及，难以做得到的。虽不能至，心向往之。也就只有努力提高修养，争取做得好一点罢了。

做人要有看得开利益的气度

小与大这一对最简单的矛盾里，包含着最复杂的辩证法。有的人视小为大，有的人视大为小，而小与大之间又常可以互相转化。尤其在利益的问题上，悟得小大之中的真味，也就能在为人处世之道上"立地成佛"了。

李嘉诚曾说过："有时你看似是一件很吃亏的事，往往会变成非常有利的事。"可见，"吃亏是福"是李嘉诚待人处事的原则之一。

李嘉诚庄严宣告："我的金钱，我赚的每一毛钱都可以公开，就是说，不是不明不白赚来的钱。"

在香港这个鱼龙混杂的竞争社会，巧取豪夺而致富的人肯定不会少。因此，金钱的多寡并非衡量一个人价值的唯一标准。

能像李嘉诚这样完完全全清清白白赚钱的，在商界中堪为楷模。

李嘉诚创造了一个神话，他的不凡业绩将载入中国和世界华人经济发展史册。

1996年2月6日，"长实"集团宣布集资53亿港元，这被舆论界看成超人又有新行动的信号。李嘉诚的神话并未画上句号，他在内地数百亿投资，大都是长线项目。进入全面回报期，超人还渴望一飞冲天。

同时，香港回归后，李嘉诚及他旗下的公司，更为香港的繁荣稳定发挥了巨大作用。

在这以前，李嘉诚在董事袍金工作报酬上的做法，早已成为香港商界、舆论界的美谈。

李嘉诚出任十余家公司的董事长或董事。但他把所有的袍金都归入长实公司账上，自己全年只拿 5000 港元。

这 5000 港元，还不及公司一名清洁工在 20 世纪 80 年代初的年薪。

以 20 世纪 80 年代的水平，像长实系这样盈利状况甚佳的大公司主席袍金，一家公司就该有数百万港元。进入 20 世纪 90 年代，便递增到 1000 万港元上下。

李嘉诚二十多年维持不变，只拿 5000 港元，按现在的水平，李嘉诚万分之一都没拿到。李嘉诚的经商天才在这里表露无遗。

李嘉诚每年放弃上千万元袍金，却获得公司众股东的一致好感。爱屋及乌，自然也信任长实系股票。甚至李嘉诚购入其他公司股票，投资者莫不尾随其后，纷纷购入。

李嘉诚是大股东，长实系股票被抬高，长实系股值大增，得大利的当然是李嘉诚。就这样，李嘉诚每欲想办大事，总会很容易得到股东大会的通过。

对李嘉诚这样的超级富豪来说，袍金算不得大数。大数是他所持股份所得的股息的价值。

1994 年 4 月至 1995 年 4 月，李嘉诚所持长实、生啤、新工股份，所得年息就共计有 12.4 亿港元——尚未计算他的非经常性收入，以及海外股票的价值。

有人说，一般的商家，只能算精明。唯李嘉诚一类的商界超人，才具备经商的智慧。舍小取大，李嘉诚又是其中最聪明的人，俗话说，舍不得孩子套不住狼。一些人目光只会停留在眼前利益，做生意不舍一分一厘，只求自己独吞利益。恰好是一时赚得小利，而失去了长远之大利。

可谓是捡了芝麻丢了西瓜。李嘉诚却正好相反，他舍弃了小利，而赢得了大利。

小利不舍，大利不来，这是定则。

人们在年轻时追逐金钱，而到老了却又被金钱所左右，这样的情况已比比皆是。但李嘉诚却认为，与金钱相比，人格魅力是金钱所买不来的，这是一笔更大的财富。李嘉诚已经年过七十，对于这个年纪的人，赚钱已非最重要的事，名誉受损反而更不可忍受。但却频频有政客针对他搞事，令他感到委屈。李嘉诚愤而为自己辩解说："是我的钱，一块钱掉在地上我都会去捡。不是我的，一千万块钱送到我家门口我都不会要。""不义而富且贵，于我如浮云。"

事实上真是如此，李嘉诚遨游商海半辈子，对原则问题说一不二，哪怕大把银子堆在眼前，不动心就是不动心，这大概是李嘉诚王国多年不败的一个法宝。

例如，在香港商界，潮籍人以勤奋、精明而著称。也有人说潮州人"孤寒"（吝啬、小气）。1995年12月1日，国际潮团联谊会在港开幕，仪式完毕后，李嘉诚立即被记者包围住，有记者提到"潮州人孤寒与否"的问题。

李嘉诚说："潮州人只是刻苦，而非孤寒。"他强调："我绝对不孤寒，尤其对公司、社会贡献方面和'作为中国人应做的事'上，绝不会吝啬金钱。"

李嘉诚是这样说的，也是这样做的。他曾兼国际城市的主席，该公司为他开200万元袍金，李嘉诚全部入长实账号。因此，李嘉诚在董事袍金上的做法，成为香港商界、舆论界的美谈。

　　李嘉诚在巴拿马国投资，拥有集装箱码头、飞机场、旅馆、高尔夫球场以及大片土地，成为当地最大的海外投资商，巴拿马政府为表感谢，拿出很多商人求之不得、一定可以赚大钱的赌场牌照，作为酬谢的礼物，面对送上门的钱财，李嘉诚却婉言谢绝，他说："我对自己有个约束，并非所有赚钱的生意都做的。"

　　巴拿马总理找到李嘉诚，说："一大堆商人追着要这个牌照，我们都没有给，你这么大的投资，我一定要给你，你有三家旅馆，随便你放在哪一家都可以。"盛情难却之下，李嘉诚做出妥协，决定不接受赌场牌照，但是在旅馆外面另外建一座独立的房子，给第三者经营，并且由第三者直接跟政府洽谈条件，李嘉诚的公司只赚取租金。李嘉诚说："旅馆的客人要去那儿，我不管，但在我的旅馆里，绝对不开设赌场。"用现代的生意眼光来看，这件事情当然会有各种不同的解读方法。但李嘉诚却说："这是我的原则，原则必须坚持。"

　　"原则必须坚持"，这体现了一个人的处世之道。李嘉诚正是以这条处世之道规范自己的行为，打通了人生路上的各种"关隘"。

尊重和珍惜自己的朋友

　　朋友能够慰藉你的精神，使你的身心得到更大的快乐，督促你道德上的提高。在与朋友的交往过程中，能够得到人生的感悟，受到心灵的启迪。陶冶情操、塑造人格的同时，也会让你的人生变得更加丰富多彩，而又情趣盎然。

一个真正的朋友，在思想上会与你接近，也能够理解你的志趣，了解你的优势和弱点。他会鼓励你全力以赴地做好每一件正当的事，消除你做任何坏事的不良念头。为你增加无穷的能量与勇气，让你以"不达成功决不罢休"的精神，积极地度过每一天。

一个见识过人、能力很强的人，即使目前看上去已经事业有成，如果没有几个真正的朋友，那就不能称得上是成功。因为"一个人是否成功很大程度上取决于他择友是否成功"。

社会中有许多靠着朋友的力量而成功的人，如果能把他们的成功过程一一研究起来，你会发现朋友是一笔巨大的财富。一位作家说过这样的话："谁也无法单枪匹马在社会的竞技场上赢得胜利、获得成功。换句话说，他只有在朋友的帮助和拥护下，才不至于失败。"

和你的朋友在一起不但可以陶冶性情，提高人格，还可以随时在各方面得到帮助。而且，你的朋友往往还会给你介绍许多使你感兴趣、获得益处的同性异性朋友。在社会上，你的朋友又能随时帮助你，提携你，能把你介绍到本会被拒绝的地方。这些朋友都是诚心诚意的，无论是对于你的生意，还是你的职业都到处替你做宣传。告诉他们的朋友说，你最近又出了什么书；或者说你的外科手术很高明；或者告诉别人，说你是水平极高的大律师，最近又赢了一场官司；或者说你有许多先进的发明；或者说你的业务非常棒。总而言之，真挚的友人没有一个不肯帮你、不肯鼓励你的。

如果你知道有人信任你，那是一种极大的快乐，能使你的自信得到格外的增强。如果那些朋友们——特别是已经成功的朋友们——一点都不怀疑你，一点都不轻视你并能绝对地信任你；他们认为，你的才能是能够成功的，是可以创下一番有声有色的事业的，那么，这对于你来说不啻于一剂激励你奋发有为的滋补药。

许多胸怀大志者正在惊涛骇浪中挣扎、在恶劣的环境中奋斗，希望获得一点立足之地时，倘若他们突然知道有许多朋友恳切地期待着他们的成功，那么这个时候，他们将变得更有勇气、更有力量。

有些命运坎坷、经历无数艰难险阻的人，在为成功而奋斗的路途上正要心灰意冷、准备停顿、不再前行时，突然想起他那亲如手足的兄弟来，他的兄弟不是拍着他的肩膀，告诉他不要让大家失望吗？已经心灰意冷的奋斗者重新又振作起精神来，重新以百折不挠的意志力和无限的忍耐力继续去争取他们的成功。

尊重和珍惜自己的朋友，用你的真心积极地与朋友沟通，悉心听取朋友的见解和忠告，把它们当成你前进路上的参考。多一个朋友，就多了几分能量和智慧，也多了几分帮助你分担痛苦、分享快乐的源动力，减轻你的痛苦，放大你的快乐，生活也就会因此而充满了乐趣。依靠你的朋友，那是你一生也用不尽的财富。

▶▶ 第二章 立业：
————————————————————————————————— ▶▶

人活一辈子总要做出点名堂

　　一个人不能浑浑噩噩地混日子，总要做出一点名堂，成就一番事业。工作无高低贵贱之分，但有做得好与坏之别。无论做什么工作，把自己的聪明才智发挥到极致，努力在所从事的领域做到尽量好，以不俗的业绩赢得他人的尊重，这一辈子就算没白活，也就是立业——事业有成了。

做事要先确保手里握有七成胜算

　　《孙子兵法》中说："多算胜，少算不胜，由此观之，胜负见矣。"这里的"算"是指"胜算"，也就是制胜的把握。胜算较大的一方多半会获胜，胜算较小的一方则难免见负，毫无胜算的战争更不可能获胜了。

战术要依情势的变化而定，整个战争的大局，必须要有事先充分的计划。战前的胜算大，才会获胜，胜算小则不易胜利，这是显而易见的道理。如果没有胜算就与敌人作战，那简直是失策。因此，若居于劣势，则不妨先行撤退，等待有可乘之机时再作打算。无视对手的实力，强行进攻，无异于自取灭亡。

在任何时代任何国家，有资格被尊为"名将"的人，都有个大原则，即不勉强应战，或者不发动毫无胜算的战争。如三国时的曹操便是一例。他的作战方式被誉为"军无幸胜"。所谓的幸胜便是侥幸获胜，即依赖敌人的疏忽而获胜。实际上，曹操确实掌握相当的胜算，依照作战计划一步一步地进行，稳稳当当地获取胜利。

中国历史上的诸葛亮和世界历史上的凯撒大帝等人，均是善于运筹帷幄，才建立了不朽的功勋。

虽说把握胜算，然而经济活动是人与人之间的战争，所以不可能有完全的胜算。因为其中包含着许多人为的因素，诸如情感因素，无法确实地掌握。不过，至少要有七成以上的胜算，才可进行计划。

而要做到有把握，就必须知彼知己。孙子说："不知彼而知己，一胜一负；不知彼，不知己，每战必败。"这句话虽然很容易理解，实际做起来却颇难。处于现代社会中的人，均应以此话来时时提醒自己，无论做何种事均应做好事前的调查工作，如实客观地认清双方的具体情况，才能获胜。

人生有时候还是需要运用"不败"的战术来稳固现况。就像打球一样，即使我方遥遥领先，仍需奋力前进，掌握得分的机会。荀子说："无急胜而忘败。"即在胜利的时候，别忘了失败的滋味。有的人在胜利时得意忘形，麻痹大意，结果铸成意想不到的过错。须知"祸兮福之所倚，福兮祸之所伏"，在任何情况下，都要预先设想万一失败的情况，事先准备好应对之策。拿企业经营来讲，一个企业在从事经营时，必须事先设想做最坏的打算，拟好对策，务必使损失减至最低限度。如此一来，即使失败了也不会有致命的伤害，这一点至关重要。就个人来讲，如果有了心理上的准备，情绪上就会放松，遇到问题也会从容不迫地解决。

面对困境应做出正确的决断

应激是人们在意外突发情况下产生的情绪状态，有两种表现：一种是使活动抑制或完全紊乱，做出不适当的反应；另一种是使各种力量集中起来，使活动积极起来，以应付这种紧张的情况，思维变得特别清晰明确。

一个人的应激状态如何，对其具有重要影响。一个人在其一生的职业历程中，会遇到各种意想不到的和突如其来的变故，困难和危机会经常发生。在意外的事变面前，应激状态如何，直接关系到事业的成败。好的应激状态在紧张情况下，能调动各种潜力应付紧张局面，可以使人急中生智，化险为夷。

如果一个人的应激状态不好，在出乎意料的紧急情况下，往往感知发生错误，思维变得迟缓而混乱，动作受到抑制而束手无策。这种应变能力不强的人是不会有大的成就的。

从情感和情绪的不同表现，特别是情绪的三种不同形式对领导者及其所属群体、工作会产生重大的影响。我们可以看出，一个领导者学会控制自己的情绪，使自己的情绪始终保持积极而稳定的状态是极其重要的。

困难对于拿破仑来说，那是家常便饭。

我们都知道拿破仑在1812年的10月，对着空空的莫斯科城，拿破仑面临着一大堆的困难——食物短缺和走在莫斯科大街上衣不蔽体的法国士兵。寒冷的俄国，已不再适合他们待了。

拿破仑下令撤离莫斯科。

大雪纷飞，气温奇低。法国士兵有的被严寒冻死了，有的开了小差，士气比气温更低。在漫长的雪道上行走，还时不时遭到俄国人的伏击。

俄国人三番五次地重点进攻拿破仑的骑兵，摧毁他的炮兵。

拿破仑召开了高层军事会议，将军们愁眉苦脸地看着他。他听完将军们介绍的各种困难后。一点儿也不着急，只是静静地看着他们，若无其事地说：

"你们认为这算困难吗？这叫作什么危难！没有什么大不了的。我们会解决的，我就是一个从困境中长大的人，逆境教会了我如何解决困境。"

皇帝的镇定鼓舞着将军们。面对着军营外的冰天雪地，他们似乎感到拿破仑的坚强和勇气。于是他们进行安抚士兵的工作。

皇帝的信心同时也鼓舞着士兵们，队伍继续撤退，拿破仑被迫丢掉了许多辎重。他的炮兵、骑兵一点点地被俄国人吃掉，军队已经显得凌乱不堪。这简直就是一场痛苦的撤退，士兵们的士气又在一步步降低。

对于拿破仑来说，他本人并没有气馁。他知道，只有一条路，就是充满信心，那就能成功。也许，这是他进行战争以来所面临的最严重的一次危机。

撤离的痛苦没有击倒拿破仑，但是还有雪上加霜的危难考验着他。

通讯员将一道消息递给拿破仑后，拿破仑不声不响地看着，上面写着的是镇守巴黎的将军弗兰斯起兵发动政变，占据了巴黎，并宣布废除拿破仑皇帝头衔。

这一消息使军队发生了震动，但拿破仑凭着他的威信很快地将这个震动平息了。

他是一个骑着战马驰骋在战场上勇于斗争的皇帝，他果断地下了命令。

一方面他命令将军们安抚士兵，一方面他和克兰储将军带领一些随从从雪道返回巴黎。

在白茫茫的辽阔草原上，拿破仑和克兰储将军站立在雪橇上，雪橇在原野上飞驰，像一只飞翔的俄罗斯大鹰。而他——拿破仑，有如太阳般的伟人，朝着他的法兰西驰去，他神情肃穆地和克兰储谈着话。

克兰储用崇拜的眼光看着他，并不断提出善意的批评。他被拿破仑的真诚、开诚布公所感动。他感觉到他们不是去阻止一场政变，而是去进行一场小小的游戏。

穿着皮毛大衣，蜷缩着冻僵的身子的拿破仑听着克兰储善意的反对意见，就想去揪克兰储的耳朵，但一摸到他那厚厚的皮帽时，根本找不到机会下手。拿破仑便笑了，说：

"你这个家伙，现在看问题还像个小孩子。"

"我们到巴黎只不过是去平息一场小小的误会罢了，一切都会好起来的。"

受了拿破仑的鼓舞，克兰储和随从们都感觉到沐浴在春风里。

拿破仑站在雪橇上，似乎在自言自语："我现在渴望和平，能有个和平的世界，那该多好啊！"

到达华沙后，拿破仑并没有急于公开自己的身份，他很想去瓦特维士城看望玛莉·瓦赖福士。但克兰储极力提出说时间宝贵，而且他也得知伯爵夫人已去了巴黎。

拿破仑从别人那里得到了一辆四轮马车，于是便把雪橇扔掉，马不停蹄地向巴黎赶去。

到了巴黎后，他没有公开露面，而是先到皇后的卧室里。玛莉第一眼看到他时，十分吃惊。他得意地说："我回来了，我是来拿回我的皇位的。"

玛莉在他怀里哭开了，说："皇帝，你一定会的，一定会的。"

拿破仑略作休息后，便和克兰储溜进了军队，接见了另外两名将军，当士兵们听说皇帝回来了，整个军营便开始沸腾起来。

士兵们便开始互相议论："皇帝回来了！""皇帝回来了！"

拿破仑发表了即兴演讲，鼓舞士兵们和他一道解除政变。

这场政变正如拿破仑所说的那样，只不过是小小的一场误会罢了。

拿破仑重新获得皇帝的称号，重新占据了巴黎。

对于一个成功的人来说，并没有顺利的坦途，或多或少要遇到困难，有的则困难重重。怎样面对困难、战胜困难则是一个很重要的问题；重视困难，正视困难，克服一个又一个困难，那便能闯出一番新天地。对领导人如是，对普通人亦如是。

机遇总是垂青那些有准备的人

是的，机遇总是垂青那些有准备的人。否则，就算机会来了，你却手足无措，只能眼睁睁地看着它溜走。而且"机不可失，时不再来"，与机会失之交臂，是一个人再痛苦懊悔也难以弥补的。

机遇对于那些对人生怀有强烈欲望并准备为之奋斗的人来说是非常重要的。和登上政治舞台之前的第一声叫喊，便引起了乾隆帝的注意，正是由于他抓住了这瞬间的机遇，才能顺利地爬上了梦寐以求的高位。

乾隆皇帝，在中国历史上是一个赫赫有名的人物，在他统治时期，励精图治，开创了"乾隆盛世"，但后来却每况愈下，这与和不无关系。

和，钮祜禄氏，满洲正红旗人。他的父亲常保本是不知名的副都统，和年少时家境一般，至乾隆中叶，还不过是八旗官学生，只中过秀才。以这种出身，和要出人头地几乎是不可能的。乾隆三十四年（1769年），和在父亲死后承袭了三等轻车都尉之爵。从此就有了一定的收入，年俸为银160两，米180石。但这还不是主要的，这一世爵给和在政治上带来了转机，为他提供了一条接近皇帝的便捷之径。由于他的高祖是开国功臣，其后人就有可能随侍帝君，所以和袭三等轻车都尉不久，便于乾隆三十七年（1772年）间实授三等侍卫，在侍卫处扈从皇帝。

乾隆四十年（1775年）是和政治生涯的转折点。在这一年，和巧逢机缘，得见天颜，奏对称旨，甚中上意，从此便攀龙附凤，飞黄腾达。

一日，乾隆准备外出，仓促间黄龙伞盖没有准备好，乾隆帝发了脾气，喝问道："是谁之过？"皇帝发怒，非同小可，一时间，各官员都不知所措，而和却应声答道："典守者不得辞其责！"

乾隆皇帝心头一动，循声望去，只见说话人仪态俊雅，气质非凡，乾隆不仅更为惊异，叹："若辈中安得此解人！"问其出身，知是官学生，也是读书人出身，这在侍卫中是不多见的。乾隆皇帝一向重视文化，尤重四书五经，对一些读过四书五经的满族学生，当然更加另眼相看。所以一路上便向和问起四书五经的内容来。和平日也是很用功的，所以应对自如，使乾隆帝龙颜大悦。至此，和进一步引起了乾隆帝的好感，遂派其都管仪仗，升为侍卫。从此和官运亨通。一次偶然的机遇，便为和铺平了升迁之路。

和之所以能抓住机遇，是跟他平时的准备分不开的。

实际上，和不但不是一个不学无术的人，而且他还是一个颇通诗书的能人。拿他在狱中所写的两首《悔诗》来看，其中有"一生原是梦，廿载枉劳神"和"对景伤前事，怀才误此身"几句，不次于李斯临死前上书之以罪为功。说和无才无能是不符合事实的。

据马先哲先生考证，和精通四种语言，这在清高宗所写的两次《像赞》里有明确记载：一在1788年（乾隆五十三年）《平定台湾二十功臣像赞》里说，和"承训书谕，兼通满、汉"；一在1792年（乾隆五十七年）

《平定廓尔喀（今尼泊尔）十五功臣图赞》里也说，和"清文（即满文）、汉文、蒙古、西番（即藏文），颇通大意"。原注有云："去岁（乾隆五十六年）用兵之际，所有指示机宜，每兼用清、汉文。此分颁给达赖喇嘛，及传谕廓尔喀敕书，并兼用蒙古、西番字。臣工中通晓西番字者，殊难其人，惟和承旨书谕，俱能办理秩如"（详见《八旗通志》卷首六）。当时满汉大臣中能兼通满、汉两种语文者，就比较罕见，像和一人能通满、汉、蒙、藏四种语言，确实难能可贵了。乾隆如此信任和，很大程度上也是用人用其长，和的才能是不能否认的。

而且，和工诗能绘事，非仅诵四子书之辈可比。诗有《嘉乐堂诗集》，不分卷，系与弟和琳、子丰绅殷德于1811年（嘉庆十六年）合刻本，其狱中《悔诗》两首，亦均收入。画则因和人品甚恶，不为世人所珍，很少留传至今。已故国际著名史学家洪煨莲（业）先生藏有和所作山水小横披一帧，绘于棉布之上。和不画在绢上，也不画在纸上，唯独画在布上，这布殆即当年英使马戛尔尼所贡之细密洋布，似为创举，可谓好事。据《乾隆英使觐记》载，称和为中堂，"中堂"系当时人对大学士兼军机大臣为真宰相的代称。马戛尔尼目睹和，说他英俊有宰相气度，举止潇洒，谈笑风生，木尊俎间交接从容，应对自若，事无巨细，一言而办。异邦人记当时人情事，自属可信。然则和之能得清高宗的独宠，二十年如一日，又岂一般满汉大臣所能望其项背？

实际上，和在青年时代是相当刻苦的。他的诸多才能大都是在这个时候培养起来的。

在《清史稿》和《清史列传》中只记载：和"少贫无籍为文生员"。除此之外，有关青少年时期的记载很少。但从笔记和野史中可以知道，和童年时曾在家里与弟弟和琳一起接受私塾先生的启蒙教育。到了少年时期，他们两人一起被选入咸安宫官学读书。这种学校一开始主要是为了培养内务府人员的优秀子弟而设立的。到了乾隆年间，除了继续供内务府官员的优秀子弟就读外，还大量招收八旗官员优秀子弟入学。

咸安宫官学的课程，主要有满、汉、蒙古语言以及经史等文化课。此外，每个学生还必须学习骑射和习用火器等军事课程。因为满族是靠武功"马上得天下"的，故清代前期十分重视军事课程。可见，咸安宫官学的学生绝非一般等闲之辈，他们都是从众多的八旗子弟中经过仔细筛选，择优录取的，这些学生不但品学兼优，而且相貌英俊，个个都是一表人才。在这所学校里任课的教师，绝大多数为进士出身的翰林，最差的也是举人。该校课程多样、全面、正规，要求严格，教学效果好，成绩显著，培养了大批为朝廷服务的干才。这说明咸安宫官学是清代各种学校中的佼佼者。在这里就读的学生，大多数是"人品"出众、才貌双全的八旗子弟。

和大概是在十多岁后进入这所学校的。由于他天资聪颖，记忆力强，过目不忘，加上他锐意进取，勤学苦读，所以经常得到老师们的夸奖。如后来得到他信任、照顾和提拔的老师就有吴省兰、李璜和李光云等。

由于和的刻苦努力和博学强记，在咸安宫官学学习期间，不仅四书五经背诵得滚瓜烂熟，而且他的满、汉文字水平也提高得很快，此外，还掌握了蒙古文和藏文。正如和在悼念其弟和琳的诗中写道："幼共诗书长共居。"此外，当时著名学者袁枚也曾表彰和、和琳兄弟"少小闻诗通礼"。这些都是说他们兄弟是有一定学问的。

和还练就了一笔好字，他的字看起来很有功夫。同时，他对诗词歌赋与绘画也很喜欢，虽不能说他的诗造诣深，但他是读过不少诗词的。就是由于这个时期打下的基础，才使他日后为官时充分施展了"才能"。

所以，当机遇来临之时，和当然稳操胜券，因为很大程度上，能力就是机遇。有机遇而无能力，也只会错失良机，争气又从何谈起。

换一种思路走得更远

几乎每一条道路上都拥挤着盲目的人群，能够过"独木桥"的人肯定只有少数的幸运者。因此，在许多关键时候，十分有必要换一种做人思路，不再被大流裹挟前进，这样才有可能走出属于自己的"独木桥"来。尽管自己走的也是独木桥，但由于只是一个人走，其难度必然大大降低，这样，独属于自己的"独木桥"也就成了阳关道。

科举制度在中国封建社会的统治地位可以说是异常稳固，科举应试是读书人最大甚至是唯一的出路，因此，一个人若不参加科举，那简直算是最大的脱离潮流、离经叛道。

但是，人类社会毕竟又是由一个个生命个体组成的。每一个生命个体，作为一个高级动物，一个有高级思维能力的主体性的人，在客观世界面前并不是始终处于被动地位，有时，他们的那种只有人才具有的主体意识，不但会使自己适应客观世界，而且还会在这种适应中开拓出另一片新天地。这样一些人，是人类的智者，也是人类的佼佼者。

　　左宗棠在三次落榜后，绝意于科场，发誓再不参加科举考试，这绝不是意气用事，而是在人生路口上从另一种思路出发做出的新选择。但是，值得说明的是，这种选择并不是以消极的方式进行的，不像有的人那样，一旦在自己的人生路上遇到点挫折和坎坷，不是沉沦消极，怨天尤人，就是不思进取，自暴自弃，而是以一种"山重水复疑无路，柳暗花明又一村"的乐观，超脱豁达的人生态度，独辟蹊径，走向人生的另一境界。

　　当然，做到这一点，一是要有相当坚强的意志和良好的心理素质，二是要有相当程度的自信心，三是要有在人生关键时刻敢于重新选择自己命运的勇气和魄力。三者缺一不可。因为，如果没有坚强的意志和良好的心理素质，就不能正确对待经过多次努力后的失败，就不能承受这种比摧毁人的肉体更具杀伤力地对人的心理和精神的摧毁；没有对自己相当程度的自信心，就不能在挫折和坎坷中重新站起来，并且一直走下去，更不会有在人生的关键时刻放弃大家都走的路而重新选择属于自己的出路的勇气和魄力。

　　当然，做到这一点在不同的条件下具有不同的意义。比如，当社会为个人的重新选择提供了某些新选择的愿望和意向相当或者相同时，人的重新选择就容易得多。就是我们经常说的时势造英雄。时势一般指时代形势处于变化多端，社会环境处于大动荡大变革时期的社会环境，这种环境实际上等于给一切具有英雄气质的人提供了一个施展才华并且成为英雄的机遇，也就是说，这是一个需要英雄而且必将产生英雄的时代。如，曹操的脱颖而出在相当程度上就是时代需要和他个人的努力相一致的结果。但是，如果社会并没有为英雄的产生提供条件，或者社会正处于相对平稳的发展时期，这时，人们的思想意识也自然会处于相对平稳状态，这时英雄的产生就比较困难。特别是，当一个人的选择与时代的要求和同时代人的选择相左时，这种选择不但不会为时代所容纳和承认，同时也会遇到来自各方面的阻力。

左宗棠无疑属于后者。这也从反面证实了在正确方法下勇于放弃地做人思路。

左宗棠当时所处的那个时代，科举几乎是人们唯一的通道。这一通道不但是时代给人们选择好了的，同时也是人们的唯一的选择和需求。也正是如此，左宗棠的父辈自始至终给他灌输的都是科举之道。但是，左宗棠并没有按照时代和家庭给他规划好的路走下去，当他明白无误地看到自己在这条路上继续走下去的后果，特别是当他看出这条路的弊端时，他便义无反顾地对他的人生进行了重新选择。

实践证明，左宗棠的选择不但显示出他过人的胆识和魄力，而且也说明，人的价值的实现途径是多样的，关键是你能否正确地对待自己，客观地估价自己。一个人只有正确而客观地对待和估价自己，他才能够面对现实，对自己的人生之路做出正确的选择。

当然，当人对自己的人生之路进行重新选择时，还应该具有超前意识。也就是说，这种选择应该是以对社会的发展趋势的正确判断和准确把握为前提，而不应是盲目的，这样，你才能保证重新选择的正确性。如左宗棠，如果不是对大清朝前景的准确把握，如果不是他冷静而敏锐地看出"经世有用之学"对大清朝重振雄风的作用，他也许会做另外的选择。不随大流，走自己选择的冷僻路，是一条充满荆棘与鲜花的刺激之旅。要么跌得很惨，要么掌声雷动。但肯定的是在这个过程中是要付出很多的。读了十几年八股文，考了数次科举的左宗棠，敢于在那个时代放弃读书人唯一的一条人生天梯，不仅表现了他超人的胆气，也表现了他不随大流走，善于换一种思路争面子的智慧。

▶▶ 第三章　立己：

正确地认识和把握自己

　　人最难认清和把握的就是自己：自己的优势在哪里，缺点有哪些，如何才能把握人生的发展方向等等。有了对自己的正确认识，脑子里的想法与现实中的做法才能吻合，才能对于自己要走的路有一个正确的判断。所以，立身也好，立业也罢，都是以正确认识、把握自己的"立己"为前提。

了解自己才能找准位置

　　决定一个人的层次、境界、气质、地位的高低，全在于大脑中的那个"我"！

但当今世人中，有多少人真正地了解自己的大脑？了解自己脑中的那个"我"？

全然了解自己，就会知道自己有什么条件，知道什么是自己的真爱。于是就会随着自己胸中熊熊的烈火燃烧！

热切地实践愿望，就是走在通往天堂之路。

漫无目标浑浑噩噩地度日，就是在承受地狱的煎熬。

有一人长得很普通，出身也很平常，只是个养猪专业户的儿子，他写了一本书《影响力的本质》，1936 年出版时，仅在美国就卖出 1500 万本。大家才认识这个人，他名叫戴尔·卡耐基。据说，卡耐基是一个很能认清自我的人，他尝试过不少工作，最后决定集结一生的阅历开创一套课程，并且不断研究新方法来改进课程。从 14 周的学习课程中能学到一个人竭毕生之力研究的精华，难怪人们要为他鼓掌了。

鱼不会觉得自己游得很累，鸟也不会认为自己飞得太倦，因为它们在扮演自己。

打火机知道自己的功能主要是在刹那间点燃火花，于是它满足地扮演着打火机的角色。打火对它而言轻而易举，所以它一生都过得轻松而容易。

杯子知道自己的功能就是装水、装酒或装咖啡，于是它自由自在地端坐桌子的一角，无事于心地过着日子。让自己容纳别人是天经地义，所以它一生都过得稳定自在。

杯子不会嘲笑打火机没有自己身价高，打火机也不会嘲笑杯子永不发光，因为它们各有各的用处，谁也替代不了谁。

欧洲有很多街头艺人，他们就是很安分地唱歌、画画、表演魔术……印象深刻的是在德国慕尼黑见过一个表演吹气球的小丑。小丑的双手非常灵巧，轻轻松松地一拉一吹，转眼间马上就扭转出各种花样的气球，做出可爱的小狗就送给小男孩，做出美丽的花朵就送给金发美女。小丑快乐地穿梭在人群中，像花蝴蝶一样，边走边吹气球，成了就送给跟在他身后的男男女女。他的花招多得不得了，围观的人群笑声不断；接着他把帽子摘下来，有人投钱币给他，才看到他的秃头，想应该是中年男子了。后来他停止表演坐在路旁休息，去和他聊天，才知道他是法国人，从 20 岁起立志扮小丑，至今 18 年了，他对自己的工作很满意，打算做到老死。他是一个小丑，也愿永远做一个小丑。

认识自己、扮演自己、实践自己，就是天堂；不认识自己，想扮演别人就是地狱。

人生没有特别的目的，只是尽情地做自己。勇敢地环顾整个世界。然后，大声对自己说：我是最重要的人。

等到你接受自己，把自己的需要当做是最重要的时候，你便不会用别人的标准来衡量自己是否成功。你会建立一套属于自己的标准。一个女人为自己能带给家庭幸福而觉得快乐。一个男孩只要能有演唱的机会便高兴了，他不计较有没有金钱的报酬。一个男人高兴自己能为公司赚来利润。这也就是为什么不能为讨好别人而生活的原因，你一定得做自己喜欢做的事情。虽说每一个人的本质都受文化的影响，但完全以文化所具有的价值系统来生活，那是跟自己过不去。唯独具有拒绝你不喜欢的东西的能力，才表示你自由了。

挣脱自我设置的局限

成功属于愿意成功的人。成功有明确的方向和目的。你不愿成功，谁拿你也没办法；你自己不行动，上帝也帮不了你。

成功并不是一个固定的蛋糕，数量有限，别人切了，你就没有了。成功的蛋糕是切不完的，关键是你是否去切。你能否成功，与别人的成败毫无关系。只要自己想成功，与别人的成败毫不相关。只有你自己下定决心成功，方会有成功的可能。

在美国田纳西州的一个小镇上，有一个小女孩，她是个私生子，人们明显的歧视，直到上学也没有改变，那种冰冷、鄙夷的眼光，使她变得懦弱、自我封闭。直到小女孩13岁的时候，镇上来了一个牧师，从此改变了她的一生。小女孩听大人说，这个牧师非常好。她非常羡慕别人的孩子一到礼拜天，便跟着自己的父母，手牵手地走进教堂。她也曾经无数次躲在远处，看着镇上的人们兴高采烈地从教堂里出来。她只能通过教堂庄严神圣的钟声和人们面部的神情，想象教堂里是什么样，及人们在里面干什么。

有一天，她终于鼓起勇气，待人们进入教堂后，偷偷地溜进去，躲在后排倾听——牧师正在讲：

"过去不等于未来。过去你成功了，并不代表未来还会成功；过去失败了，也不代表未来就要失败。因为过去的成功或失败，只是代表过去，未来是靠现在决定的。现在干什么，选择什么，就决定了未来是什么！失败的人不要气馁，成功的人也不要骄傲。成功和失败都不是最终结果，它只是人生过程的一个事件。因此，这个世界上不会有永恒成功的人，也没有永远失败的人。"

小女孩被深深感动了，她感到一股暖流冲击着她冷漠、孤寂的心灵。但她马上提醒自己：得马上离开，趁同学们、大人尚未发现她时赶快走。

第一次听过后，就有了第二次、第三次、第四次、第五次冒险——但每次都是偷听几句话就快速消失掉。因为她懦弱、胆怯、自卑，她认为自己没有资格进教堂，她和常人不一样。

终于有一次，小女孩听得入迷，忘记了时间，直到教堂的钟声敲响才猛然惊醒，但已经来不及了。率先离开的人们堵住了她迅速出逃的去路。她只得低头尾随人群，慢慢移动。突然一只手搭在她的肩上，她惊惶地顺着这只手臂望上去，正是牧师。

"你是谁家的孩子？"牧师温和地问道。

这句话是她十多年来，最最害怕听到的。它仿佛是一支通红的烙铁，直刺在小女孩的心上。

人们停止了走动，几百双惊愕的眼睛一齐注视着小女孩。教堂里静得连根针掉在地上都听得见。

小女孩完全惊呆了，她不知所措，眼里含着泪水。

这个时候，牧师脸上浮起慈祥的笑容，说：

"噢——知道了，我知道你是谁家的孩子——你是上帝的孩子。"

然后，抚摸着小女孩的头说：

"这里所有的人和你一样，都是上帝的孩子！过去不等于未来——不论你过去怎么不幸，这都不重要。重要的是你对未来必须充满希望。现在就作出决定，做你想做的人。孩子，人生最重要的不是你从哪里来，而是你要到哪里去。只要你对未来保持希望，你现在就会充满力量。不论你过去怎样，那都已经过去了。只要你明确目标，积极地去行动，那么成功就是你的。"

牧师话音刚落，教堂里顿时爆发出热烈的掌声——没有人说一句话。掌声就是理解，是歉意，是承认，是欢迎！整整13年了，压抑心灵的陈年冰封被"博爱"瞬间融化……小女孩终于抑制不住，眼泪夺眶而出。

从此小女孩变了……在40岁那年，小女孩荣任田纳西州州长，之后弃政从商，成为世界五百家最大企业之一的公司总裁，成为全球赫赫有名的成功人物。67岁时，她出版了自己的回忆录《攀越巅峰》。在书的扉页上，她写下了这句话：过去不等于未来！

"过去不等于未来"的观念，要求我们用发展的眼光看待自己，看待成功。成功与目前的境况无关。过去的都过去了，关键是未来。过去决定了现在，而不能决定未来，只有现在的作为及选择才能决定我们的未来。

"过去不等于未来"这样的事例，古往今来，数不胜数。我国汉代著名学者承宫的遭遇就像这个小女孩一样。

承宫出生在一个穷苦贫寒之家。父母一年辛劳忙碌，全家人只能勉强糊口，过着饥寒交迫的生活，终日挣扎在温饱线上。

承宫七岁那年，该读书了，但他只能眼巴巴望着左邻右舍的孩子欢天喜地进学堂——饭都吃不饱，父母哪来钱供他上学呢？

不仅上不起学，小小年纪还要分担家计重担，去替人放猪。

为这事，他不知偷偷哭过多少回。

不久同村的学者徐子盛先生开办了一所乡村学堂。承宫放猪每天都要从那里经过。起初他每次路过学堂，只敢望几眼学堂大门，竖起耳朵偷听一会里面的读书声，然后就赶紧离开。渐渐的，承宫在学堂附近停留的时间越来越长，最后竟不由自主地来到学堂门口，偷听先生讲课、听学童读书。常常听得入了神，把猪都忘了。

终于有一天，承宫在学堂门口听讲，没有照看好猪，让猪跑散了几只。东家寻来，不由分说，一顿毒打，打得小承宫鼻青脸肿，哭叫不止。

正在授课的徐子盛先生闻声跑了出来，当他得知事情缘由后，便对东家说：

"怎么能这样对待一个爱读书的孩子！从今以后，他不再为你放猪了，你请另雇他人吧！"

说完，将小承宫领进了学堂。

从此，承宫就被收留在徐先生门下。他一边帮老师做杂活，一边随课听讲，并抓紧一切空余时间读书，他的学习成绩总是名列前茅。数年后，承宫读遍了先生的所有藏书，并写得一手好文章，远近闻名。

承宫最后成了一名在学术上有很深造诣的学者而名垂青史。

也许有人会说，小女孩、承宫都是小时候就发生了转变，如果已经成年，"过去不等于未来"还管用吗？一切都还来得及。只要起步，永远都不算晚！

三国时有这样一个故事：

吕蒙为东吴将领，英勇善战。虽然深得孙权、周瑜器重，但由于十五六岁即从军打仗，没读过什么书，也没什么学问。为此，鲁肃很看不起他，认为吕蒙不过草莽之辈，四肢发达头脑简单，不足与谋事。吕蒙自认低人一等，也不爱读书，不思进取。

有一次，孙权派吕蒙去镇守一个重地，临行前嘱咐他说：

"你现在很年轻，只有多读些史书、兵书，懂得知识多了，才能不断进步。"

吕蒙一听，忙说："我带兵打仗忙得很，哪有时间学习呀！"

孙权听了批评他说：

"你这样就不对了。我主管国家大事，比你忙得多，可仍然抽出时间读书，收获很大。汉光武帝带兵打仗，在紧张艰苦的环境中，依然手不释卷，你为什么就不能刻苦读书呢？"

吕蒙听了孙权的话十分惭愧，从此后便开始发奋读书补课。他利用军旅闲暇，遍读诗、书、史及兵法战策。

周瑜死后，鲁肃代替周瑜驻防陆口。大军路过吕蒙驻地时，一谋士建议鲁肃说：

"吕将军功名日高，您不应怠慢他，最好去看看。"

鲁肃也想探个究竟，便去拜会吕蒙。

吕蒙设宴热情款待鲁肃。席间吕蒙请教鲁肃说：

"大都督受朝廷重托，驻防陆口，与关羽为邻，不知有何良谋以防不测，能否让晚辈长点见识？"

鲁肃随口应道：

"这事到时候再说嘛……"

吕蒙正色道：

"这样恐怕不行。当今吴蜀虽已联盟，但关羽如同熊虎，险恶异常，怎能没有预谋，做好准备呢？对此，晚辈我倒有些考虑，愿意奉献给您作个参考。"吕蒙于是献上五条计策，见解独到精妙，全面深刻。

鲁肃听后又惊又喜，又即起身走到吕蒙身旁，抚拍其背，赞叹道：

"真没想到，你的才智进步如此之快……我以前只知道你一介武夫，现在看来，你的学识也十分广博啊，远非从前'吴下阿蒙'了！"

吕蒙笑道：

"士别三日，即当刮目相待。"

从此，鲁肃对吕蒙尊爱有加，两人成了好朋友。吕蒙通过努力学习和实战，终成一代名将而享誉天下。

"士别三日，当刮目相看"这句成语证明了人们对"过去不等于未来"的普遍认同。然而问题的关键在于，是否能把这一观念真正用在自己身上。

它是"自我设限"的克星。

有一分自立的能力就多一分生存的保障

一位朋友讲了一个故事：一位老师给一年级的小学生出了一个假设的题目："未来的一天，太阳发射出可以伤害人的毒光。但是人有一支马良那样的神笔，可以画一个不受毒光照射的保护伞。然而画伞的人是很危险的，由谁来画这把伞呢？"

同学们踊跃推荐人选：爸爸、妈妈、爷爷、奶奶、叔叔、阿姨……

唯独没有自己。

在大家安静下来之后，老师很激动地说："我想，在危难的时刻，我应该第一个去画这把伞。我要想方设法保护我的学生，使他们不受伤害。"说着老师在黑板上画起一个大伞。当她回过头时，一个女学生站起来："老师，我和你一起画。"她勇敢地走上去。之后，同学们一个接一个地走了上去。当黑板上的大伞鲜艳起来时，同学们重新回答了老师"谁来画伞"的提问，回答是："我们自己。"

为什么首先想到冒险的应该是别人而不是自己呢？因为他们从小就在大人的保护伞下面，受到自立的教育很少。所以青少年们的勇气和独立意识都被大人们给没收了。而发达国家却更重视教给青少年自立的能力，因为这是教给孩子的一种生存的权利。

日本青少年接受了许多在紧急情况下如何自救的教育，如果迷失了方向，发生火灾、地震、车祸，在陌生的地方怎样保护自己等。他们不但学习有关的知识，同时在实践中演练，如学校组织学生分成小组，让他们自己带着地图、指南针、水壶等物品，徒步跋涉一条从未走过的路，经过重重考验，最终到达目的地。

一个4岁的美国孩子救了母亲的故事让我们思考。孩子在妈妈驾车翻入深沟中受了重伤之后，自己从车里钻出来，艰难爬上公路，冒着生命危险拦车呼救。我们的孩子能在这样惊心动魄的事件中，保持这样的勇敢机智吗？

瑞典青少年接受许多独立生活能力的教育，如瓦工、木工、钳工、烹调、修车、缝纫等训练。所以瑞典人不论是当教授的还是当部长的，都会使用多种工具，干许多所谓工匠的活。假日里他们会自己装饰房子，甚至会自己在别墅区伐木建造房子。

许多发达国家也很重视培养青少年的心理素质和独立精神。敢于挺身而出，敢于挑战困难，敢于勇往直前，敢于走前人没有走过的路，所以他们都以自己能够早些独立走出家庭而自豪。不管家境如何富裕，孩子不愿依赖父母，自己打工挣钱，或自己贷款上大学。大多数学生上大学后就不住在父母家了，特别是已参加工作的青年，宁肯自己租简陋的住宅，也不愿在父母舒适的公寓里享受。

有这样一个故事：两个美国人驾驶的私人飞机因遇风暴，被迫降落在一个荒芜的不知名小岛的海滩上。飞机损坏了，他们带的东西有限。为了生存，他们在岛上寻觅食物和淡水；想办法与外界联系；防止野兽袭击；就地取材建简易的房子……经历了一系列生存能力和意志的考验，他们战胜了困难走出了死亡之岛。

试想，如果我们处在这样的情况下，有没有较强的心理素质，有没有很强的自立能力？可以推理，像我们的一些中学生，不会叠被子、不敢过马路、不会点煤气、不会冲开水，害怕黑夜、害怕独行独走……又怎能期待他们在意外紧急的情况下果断处事呢？如果我们没有主意，或者吓破了胆，或者想做的事无法实现，我们就等于失去了生存的权利。

1998 年 11 月，意大利女探险家卡拉·佩罗蒂单人徒步走出了中国的"死亡之海"——世界第二大沙漠塔克拉玛干，成为实现这一壮举的第一人。她背着 20 公斤重的行囊，从和田到阿克苏行程 600 公里。在昼夜温差 40 度，没有水和人烟的沙漠独行 24 天，对于有 10 年探险经历的 50 岁的卡拉来说，也是极具挑战性的。

在这样困难无援的情况下，一个人应该怎么办？卡拉的体会也许能给我们一些启发：

"必须有良好的心理准备。如果害怕，可能就会导致恐慌，做错一些事，在那种条件下可能就是致命的。在没有生命的地方，我是唯一的生命，我充分地感到自由、力量。"

为了这次探险，卡拉做了两年的准备，例如：充分了解环境情况，身体适应训练，准备技术装备，实地考察等。卡拉特别忠告中国未来的探险家："探险不是冒险，在做一项危险、复杂的项目时，最好有一个坚强的后盾，就像世腾表公司支持我一样，因为这是一个巨大的工程，需要各方面的配合。一个人的能力是有限的。"

可见，物质和精神的准备，是能在极端情况下生存下去的重要保障。人难免会遇到意外的情况，以及因无知步入困难的处境，有些保护自己和保存自己的知识及能力是必要的。在这种情况下，生存的权利就掌握在自己手中。曾经发生过这样令人痛心的事情：贵州几个中学生出于好奇到山洞里"探险"，蜡烛灭了，火柴丢了。几个可怜的孩子在漆黑的山洞里迷了路，又没有做充分的准备，一个个年轻的生命就像那蜡烛一样熄灭了。

一位母亲说："在竞争日趋激烈的社会中，我们总是创造条件想让孩子学习得多一点、好一点，以便能在未来的社会中争得一小块生存空间。所以希望孩子把更多的时间花在学习上，其他活动，如家务事、与同学出去玩等就不让孩子去做，让他们集中精力学习。"可是青少年缺少独立生活和见世面的锻炼，他们将来的"生存空间"会变得狭窄，大人的期望能如愿以偿吗？

一位中学生说："我一直相信妈妈是非常爱我的，她只愿能用她的肩膀为女儿挡住所有的风雨，安排好每一步路。可是在她每天为我忙忙碌碌的时候，她知不知道，我所有的勇气和自信都丢失在这份特殊的关爱里了。"

正是这样的"关爱"，使许多中学生的自立能力刚在"初级阶段"。中学生对"自尊、自立、自强"的呼声很高，可是怎样自尊、自立、自强？他们的具体要求又很低，似乎与他们的年龄不相符。

在《两代人的沟通》一书的"自立篇"中，有16篇文章是来自不同中学的学生写给父母要求自立的。除了一篇表扬稿外，其他都是希望父母能给自己更大的生存空间。不过他们所提的自立的要求都很低：能和同学们出去玩的，有6个；想有机会洗洗衣服做做饭的，有两个；希望军训后自己提着行李回家的，1个；还有给父母提意见别让自己难堪的：如不会叠被子，不会削苹果，不会用热水壶，不会给自行车打气等。这些要求如果是小学生提的，也还情有可原，因为那全是生活中最简单的事情。然而作为中学生，存在这样的情况确实让人感到忧虑，因为他们无论学习成绩如何优秀，也不能算作强者。

是什么原因造成的？让我们看看这些中学生对父母说的心里话：

"放学了，几个好朋友招呼我打篮球。我犹豫着，是打会儿篮球当个野小子，还是赶快回家做个乖孩子？最后我终于还是当了野小子……我只得向妈妈下一番保证，保证放学以后就回家，过马路时注意安全。哎哟！您要是不放心，干脆把我送进幼儿园算了，我还能说什么呢？"

"您总是把一切都为我准备好了，我从来不用去商场，因为您已经把高级玩具、名牌服装放在我的面前；我从来不用去厨房，因为您早已把饭菜做好放在了我的嘴边；您从来不放心我一个人做事，就连第一次自己回家您都在后面偷偷地'跟踪'；自从我洗袜子把手洗破后，您就再也不让我洗衣服。您可知道在您这种'关心'、'爱护'下，我少了很多同龄孩子拥有的东西。他们可以自由地去做自己想做的事，可我却不行。"

"您认为我一定要让家里人放心，什么事必须说清楚，都要汇报，最好不要离开家半步，这不是太苛刻了吗？那时，我突然觉得自己变小了，变成了一个五六岁的小男孩，什么事都不懂，需要父母去看管，去呵护，而不是一个 16 岁的高中生。"

"妈妈，您知道吗？早上一起床，您把洗脸水端到我面前，把毛巾塞在我手中时，我是怎么想的吗？我在想：妈妈，难道我是一个残疾人，连最起码的生活能力都不能自理？……或许在您心中，女儿就是一个残疾人，一个低能儿。"

"我们要自强！可是首先挡住去路的一定是那伟大的父爱、母爱。"

"我安慰着您，可心里却想的是，走得远远的，离开老妈烦人的唠叨，躲开老爸整天的'管制'。"

"妈妈，您好糊涂呀！……家乡有句俗话'惯子如杀子'。"

这些青少年所诉说的都是一个含义：他们被剥夺了人应有的生存能力和权利。这种剥夺是人为的，但不是有意的，是好心办坏事，是舒舒服服地"疼爱"的严重后果。

能够意识到这一点的孩子和父母是有远见的明白人。

今后的路必然要靠自己去走，别人谁也替代不了。有了一份自立的能力，就多了一份生存的保障，就扩展了一片生存的空间。

努力挖掘自身性格中的积极特征

性格特征中的积极性是指一个人的性格特征与社会文明和伦理进步的一致性及其对一个人精神活动的推动力。有人对享有盛誉、成就卓著的林肯、爱因斯坦、詹姆斯、罗斯福等人的性格特征进行过研究，发现如下特征是他们的共性：尚实际，有创见，结知交，重客观，崇新颖，求善执着；爱生命，重荣誉，能包容，富幽默，悦己信人。这些性格特征对他们树立造福于人类的信仰，并支持他们始终如一地为实现信仰而奋斗，起到了重大作用。

所以，一个人要想成就一生的幸福，就必须以积极的心态面对世界，以积极的心态做人做事，以积极的心态指导自己的人生走向。

在人的一生中，积极的心态是一种有效的心理工具，是你能够看透自己的必备素质。我们怎样对待生活，生活就怎样对待我们；我们怎样对待别人，别人就怎样对待我们。

"心态失衡是现代人常被击垮的一个性格弱点，因为他们无法从消极心态过渡到积极心态。这种失衡性格成为一个时代的疾病。"皮鲁克斯在《现代人性格何以失衡》一书中这样说，"积极的心态是种力量，如果一个人有信心、求希望、有诚意、善关爱、肯吃苦，而不是悲观、失望、自卑、虚伪和欺骗，那么这种人的个性就是令人欣赏的，同时也是他成大事必不可少的良好品质。"

事实上，心态如何在很大程度上决定了我们人生的成败。

在美国，一位叫塞尔玛的女士内心愁云密布，生活对于她已是一种煎熬。她随丈夫从军。没想到，部队驻扎在沙漠地带，住的是铁皮房，与周围的印第安人、墨西哥人语言不通；当地气温很高，在仙人掌的阴影处气温都高达华氏 125 度；更糟的是，后来她丈夫奉命远征，只留下她孤身一人。因此她整天愁眉不展，度日如年。我们能想象她内心的痛苦，就像我们自己也会经常碰到的那样。怎么办呢？无奈中，她只得写信给父母，希望回家。

久盼的回信终于到了，但拆开一看，使她大失所望。父母既没有安慰自己几句，也没有说叫她赶快回去。那信封里只是一张薄薄的信纸，上面也只有短短几行字：

"两个人从监狱的铁窗往外看，一个看到的是地上的泥土，另一个看到的却是天上的星星。"

她开始非常失望，还有几分生气，怎么父母回的是这样的一封信？！尽管如此，这几行字还是引起了她的兴趣，因为那毕竟是远在故乡的父母对女儿的一份关切。她反复看，反复琢磨，终于有一天，一道闪光从她脑海里掠过。这闪光仿佛把眼前的黑暗完全照亮了，她惊喜异常，每天紧皱的眉头一下子舒展了开来。

原来从这短短几行字里，她终于发现了自己的问题所在：她过去习惯性地低头看，结果只看到地上的泥土。而我们生活中一定不只有泥土，一定会有星星！自己为什么不抬头去寻找星星，去欣赏星星，去享受星光灿烂的美好世界呢？她这么想，也真开始这么做了。

她开始主动和印第安人、墨西哥人交朋友，结果使她十分惊喜，因为她发现他们都十分好客、热情，慢慢都成了朋友，印第安人、墨西哥人还送给她许多珍贵的陶器和纺织品作礼物。她研究沙漠的仙人掌，一边研究，一边做笔记，没想到仙人掌是那样的千姿百态，那样的使人沉醉着迷。她欣赏沙漠的日落日出，她感受沙漠中的海市蜃楼，她享受着新生活给她带来的一切。慢慢地她真的找到了星星，真的感受到了星空的灿烂。她发现生活一切都变了，变得使她每天都仿佛沐浴在春光之中，每天都仿佛置身于欢笑之间。回美国后，塞尔玛根据自己这一段真实的内心历程写了一本书，叫《快乐的城堡》，引起了很大的轰动。

　　塞尔玛在沙漠从军的生活经历使她前后简直判若两人：一个是无限的痛苦，一个是不尽的欢乐；一个是阴雨连绵，一个是阳光灿烂。沙漠没有变，铁皮房没有变，仙人掌阴影下华氏125度的高温没有变，印第安人、墨西哥人没有变，这一切都没有变，那变的是什么呢？

　　显然变的是她的内心，是她内心习惯性的思维方式。过去她习惯性地选择看泥土，选择事情的消极一面；后来她习惯性地选择找星星，选择事物的积极一面。其他什么也没有变，变的就那么一点点。但就这么一点小小变化，带来的结果却大相径庭：一个痛苦，一个快乐；一个失败，一个成功。

▶▶ 第四章　立言：

善于语言沟通是一个人不可缺少的真本领

晚清中兴名臣曾国藩被称为"三立完人"——立德、立功、立言。当然不能要求每一个人都像曾国藩那样著书立说、学通古今、文冠一代，但是在信息时代的今天，"言"的另一种表现形式——语言沟通能力显得格外重要，是一个人立足社会、拓展关系、发展自我不能缺少的真本事。所以，言不仅要立，而且要下功夫去立。

以微笑突破陌生的距离感

初见陌生的交际对象，特别是刚到一个公司去上班，面对陌生的同事，不要看见对方似乎冷淡、高傲便止步不前，不敢唐突热情，那不是一个真正的聪明人所应有的心理。要知道"日疏愈疏，日亲愈亲"，我们应该热情一点，不要觉得这是什么丢面子的事。相信自己的热情能融化任何冰山雪岭。融入新环境的最有效方法便是主动出击，热情袭人。对方不是石头，必受感染，即使先前冷漠，以后必然会消除，觉得与你"似曾相识"，缩短"生人"的距离。

在陌生的环境里，人人都习惯板起一张面孔，保护着原本脆弱的尊严，以免受到来自外界的侵犯和伤害。结果，陌生的环境照例还是陌生，你所担心的那种"危险"仍然潜伏在你的周围。

我们不要那种冷冷的傲慢的所谓尊严，不要紧绷着面孔，圆睁着警惕的眼睛，流露出怀疑的眼神，要学会在陌生的环境里微笑，保持一种放松和坦然的心理。对待陌生人，我们根本用不着对人伪装，因为我们都只是擦肩而过的人生过客。

在陌生的环境里学会微笑，你也就学会了与陌生人之间架一座友谊之桥，掌握了一把开启陌生人心扉的金钥匙。

一个微笑会传递给别人许多信息。它不仅表明了"我喜欢你——我是作为朋友来的"，而且也预示着"我想你也一定会喜欢我"。当一只小狗摇着尾巴走到你面前时，它似乎在对你说："我相信你是一个好朋友，你喜欢我。"

微笑传达的另一条重要信息是："你值得高兴。"波拿劳·欧维尔斯利特在她的著作《理解我们自己和别人的恐惧》中指出："我们对其微笑的人，也反过来朝我们微笑。在一种意义上，他是朝我们微笑；在更深的意义上，他的笑还可能蕴涵着如下的意思：我们使他能够感受突然而至的快乐。我们的微笑使他感到他值得报以微笑，于是他也笑了。可以说我们从人群中把他分离出来了。我们对他区别对待，同时给了他一个单独的地位。"

我们中的许多人不能经常微笑的一个简单原因，是我们形成了一种习惯：我们总是压抑自己的真实感情。我们所受的教育使我们觉得，让自己的感情泄露无疑是极不光彩的事。我们试图使我们不要感情冲动或者把它流露在脸上。也许你觉得自己做不出一个"真正的微笑"，而且怎么也学不会那种富于吸引力的微笑。

在现实的工作、生活中，假如一个人对你满面冰霜、横眉冷对，另一个人对你面带笑容，温暖如春——他们同时向你请教一个工作上的问题，你更欢迎哪一个？当然是后者。

杰克是美国一家小有名气的公司总裁，他还十分年轻。他几乎具备了成功男人应该具备的所有优点，他有明确的人生目标，有不断克服困难、超越自己和别人的毅力与信心。与他深交的人都为拥有这样一个好朋友而自豪。

但初次见到他的人却对他少有好感。这让熟知他的人大为不解。为什么呢？仔细观察后才发现，原来他几乎没有笑容。

他深沉严峻的脸上永远是炯炯的目光，紧闭的嘴唇和紧咬的牙关。即便在轻松的交际场合也是如此。他在舞池中优美的舞姿几乎令所有的女士动心，但却很少有人同他跳舞。公司的女员工见到他更是敬而远之，男员工对他的支持与认同也不是很多。而事实上他只是缺少了一样东西，一样足以致命的东西——一幅动人的、微笑的面孔。

微笑是一种接纳，它能缩短彼此的距离，使人愿意和你接近。喜欢微笑面对他人的人，往往更容易走入对方的天地。难怪有人说微笑是成功者的先锋。

给语言沟通创造"熟"的条件

俗话说："人情卖给熟面孔。"给面子往往是熟人之间的事。因此，聪明人与陌生人交往时，善于讲究方法，讲究步骤。只要能打开突破口，与对方拉近距离，就要毫不放松，日久天长，双方的关系就近了。这里总结了一套技巧，现介绍如下：

（1）制造机会，接近对方

人对自己身体四周的地方，都会有一种势力范围的感觉，而这种势力范围，通常只能允许亲近之人接近。如果允许别人进入你的身体四周，就会有种已经承认和对方有亲近关系的错觉，这一点对任何人来说都是相同的。

某杂志刊登过这么一则标题，就是"手放在你肩膀，我们已是情侣"。的确，本来一对陌生的男女，只要能把手放在对方的肩膀上，心理的距离就会一下子缩短，瞬间就在心理上产生双方是情侣关系的感觉。推销员就常用这种方法，他们经常一边谈话，一边很自然地移动位置，挨到顾客身旁。

因此，只要你想及早造成亲密关系，就应制造出自然接近对方的机会。

（2）见面时间长不如见面次数多

成功的推销员，会经常到主顾家中去，被认为是和主顾熟悉的要诀之一。尤其是以"我到附近来办事，顺便来看看你"这种说法，更能让对方觉得你们是熟人，更能抓住主顾的心。像这样习惯于亲近的方法，在心理学方面被认为和学习一样。一般对学习的看法，认为集中学习不如分散学习来得有效。

譬如我们要用12小时学习，那么一天用功2小时，而连续一个礼拜，要比一口气熬12小时更加有效。此外，到驾驶训练班学习驾车，一天的练习时间也都有一定的限制，绝不会让你超出时间，也是利用这种分散学习的方式而产生良好的效果。

在人际关系方面，使对方产生亲近感，是给予对方好印象的基本条件。而要满足这项条件，利用这种"分散效果"，可说是给对方强烈印象的科学的方法了。

整夜在一起喝酒的朋友，和有长时间交往的朋友相比，乍看之下好像前者的人际关系较稳固，但实际上，这种关系如不加以持续，交情就会愈来愈淡，这是显而易见的。譬如有人问你："你和某人的关系如何？"而你回答："我见过一次"和"偶尔会见面"，那么给人的印象就不同了，而和"常见"这个回答又更不同了。道理显而易见，见面的次数和两人之间的亲近度是成正比的。所以，我们在与对方套近乎的过程中，必须注意一些法则。

这个法则就是"一回生，二回半生不熟，三回才全熟"。也就是要采取分散渐进方法，而且是长期的、对方不知不觉地。对此，善交际的聪明人是这样解释的：

第一，人都有戒心，这是人类很正常的反应。一回生，二回就要

"熟"，对方对你采取的绝对是关上大门的自卫姿态，甚至认为你居心不良，因而拒绝你的接近，有权势之人，更是如此。

第二，每个人都有"自我"。你若一回生，二回就要熟，必定会采取积极主动的态度，以求尽快接近对方，也许对方会很快感受到你的热情，而也给你热情的回应。可是大部分人都会有自我受到压迫的感觉，因为他还没准备好和你"熟"，他只是勉强地应付你罢了，很可能第三次就拒绝和你见面了。

同时，因为你急于接近对方，所以很容易在不了解对方的情形下，以自己作为话题，好持续两人交谈的热度，这无疑是暴露自己，若对方不是善类，你不是自投罗网吗？

与异性沟通更要讲究方式方法

日常生活中，有时碰上了让你怦然心跳的异性，很想与其由远及近，可老是无法接近和搭话，令人总是抱憾良久。下面介绍聪明人的交际方法中巧妙与素不相识的异性"粘"上的办法。

（1）要克服恐惧心理。搭讪并非是什么出格的事，一见倾心而终成眷属，这种富有浪漫色彩的爱情故事在西方国家屡见不鲜，但在我国大多数似乎只存在于言情小说或少男少女的玫瑰色的梦中。由于受"男女授受不亲"、"男女之大防"等传统思想的影响，即使你与对方一见钟情，也只好把这种情愫深藏于心，甚至故意表现得无动于衷，自己折磨自己，真是死要面子活受罪。

除了有"洁静癖"的人，通常来说，每个人都喜欢别人接近。有的女性看起来高傲甚至面若冰霜，似乎难以接近，实际上她内心的孤独感更强，她是用冷漠的面具来掩饰内心的不安，而你得体的搭讪反倒易引起她的积极反应。因此，你不必顾虑，要有勇气，不能脸皮太薄。

（2）寻找能让对方产生共鸣的话题，可"粘"住对方。"物以类聚，人以群分"，每个人的社交圈，实际上都是以自己为圆点，以共同点（年龄、爱好、经历、知识层次等）为半径构成无数的同心圆。共同点越多，圆与圆之间交叉的面积越大，共同语言也越多，也最容易引起对方的共鸣。比如，同班同学就比同校学生亲密，同宿舍的又比同班的要好，同桌比同宿舍的更容易建立起牢固的友谊，如果既是同桌又是老乡，那简直可以成为铁哥们。因此，在与对方搭讪时，一定要留意共同点，并不断把共同点扩大，对方谈起来才会兴致勃勃，谈话才会深入持久。

（3）多谈对方关心的事情，以免使对方反感。搭讪中，你不可大肆吹嘘自己，这只会令对方反感。必须把对方关心的事放进去。人们最关心的是自己，这是人类最普遍的心理现象。比如，当我们观看一张合影相片时，最先寻找的是自己，如果自己的面目照得走了样，就会认为整张照片拍得不好。因此，你必须谈对方所关心的，不断提起，不断深化，对方不仅不会厌恶，而且还会认为你很关心体贴他（她）。小宋有一次到粮食局去转款，人很多，年轻的女出纳忙个不停，有点不耐烦，看起来她对这份工作不满意。小宋一见这位漂亮的女出纳，心里突然产生了一个念头："我想使她对我有好感，不过得和她谈谈与她有关的事。"经过观察，他发现了她的优点。轮到给他填支票时，他边看她写字边称赞说："你的字写得真不错，现在像我们这样的年轻人，能写这样一手好字，确实不多见。"女出纳吃惊地抬起头，满脸通红："哪里，哪里，还差得远呢。"小宋说："真的很好，你大概练过字帖吧。"女出纳说："是的。""我的字写得一塌糊涂，能把你用过的字帖借给我练练字吗？"女出纳爽快地答应了，并约好下午到办公室来取。一来二往，两人有了感情，并最终结成良缘。

（4）不要太正经。与陌生的异性交谈，不能一本正经、态度严肃，要有幽默感。幽默是人际关系的润滑剂，是聪明人智慧的结晶。有这样一则故事：在拥挤的公共汽车上，一小伙子不慎踩了别人的脚，回头一看，原来是位漂亮姑娘，姑娘满脸怒气，小伙子忙说："对不起，对不起，我不是故意的。"接着又伸出一只脚，一脸认真地说："要不，你也踩我一下。"姑娘一下子被这句话逗乐了。小伙子再次趁机搭讪，姑娘很乐意地和他交谈。他的活泼和幽默，给姑娘留下了很深的印象。

（5）不要把自己抬得太高。有的人自我感觉很好，而且各方面条件确实不错，但为什么常常在与异性搭讪时遭到冷遇，自讨没趣？关键就是有优越感，高高在上，谈起自己眉飞色舞，这是令人讨厌的。即使你取得了巨大成功，如果一味地炫耀，只会令人敬而远之。一般而言，人们对那些经历坎坷、屡遭不幸而最终出人头地的人容易产生同情、亲密和佩服。因此，政治家或歌星，为了提高知名度和赢得支持，往往再三渲染自己为取得成功付出的巨大努力或童年的不幸遭遇。这实际上是聪明人的一种交际技巧，借所谓心理学上的通感现象来赢得别人的心。由此可见，在与陌生的异性交谈时，对自己的成功不妨"不经意"地谈谈，而要多方面交谈昔日的坎坷、拼搏的历程和不幸的遭遇，这样就容易唤起对方的好感和钦佩。

（6）策划好一个小事件，显得是偶然巧合。有时，你可能没有机会和陌生的意中人接触，更谈不上去搭讪，在这样的情况下，你可以"制造"一个机会。有一本纪实小说写了这样一个情节：一个星期六的下午，一位五官端正、衣着入时的青年手捧一束红玫瑰，礼貌地敲一间公寓的门。公寓的主人是联邦德国外交部年轻女秘书海因兹。她谨慎地打开门，面对这位不速之客，她不知所措，难堪之余，这位男士连连道歉："我敲错了门，是个误会，请原谅。"然后转身离去。未走两步，又转身走过来对海因兹说："请收下这束鲜花，作为我打扰你的补偿。"海因兹盛情难却，就收下了花，并把他请进屋，两人就这样认识了。实际上，这个偶然的误会是男青年早就策划好了的。

换一种说法也许能改变结果

每个人都有自己的思维方式和说话习惯，时间久了，其中必然掺和不少可能导致结果不佳的说话方式和内容。虽然语言习惯形成以后很难改变，但一旦做出改变，换一种不同以往的说话方式，可能新的结果会给你一个惊喜。

一个周末，许多青年男女伫立街头，他们中间有不少人是等待与情侣相会的。有两个擦鞋童，正高声叫喊着以招徕顾客。

其中一个说："请坐，我为您擦擦皮鞋吧，又光又亮。"

另一个却说："约会前，请先擦一下皮鞋吧？"

结果，前一个擦鞋童摊前的顾客寥寥无几，而后一个擦鞋童的喊声却收到了意想不到的效果，一个个青年男女都纷纷让他擦鞋。这究竟是什么原因呢？

第一个擦鞋童的话，尽管礼貌、热情，并且附带着质量上的保证，但这与此刻青年男女们的心理差距甚远。因为，在黄昏时刻破费钱财去"买"个"又光又亮"，显然没有多少必要。人们从这儿听到的印象是"为擦鞋而擦鞋"的意思。

而第二个擦鞋童的话就与此刻男女青年们的心理非常吻合。"月上柳梢头，人约黄昏后"，在这充满温情的时刻，谁不愿意以干干净净、大大方方的形象出现在自己心爱的人面前？一句"约会前，请先擦一下皮鞋"真是说到了青年男女的心坎上。可见，这位聪明的擦鞋童，正是传送着"为约会而擦鞋"的温情爱意。

一句"为约会而擦鞋"一下子抓住了顾客的心，因而大获成功。从以上分析中，我们也该从中受到启发：研究心理，察言观色，得到准确的无形信息才能找到最恰当的说话切入点。

比如，在知识高深、经验丰富的对手面前，不能自作聪明、虚张声势，尤其不能不懂装懂、显露浅薄，否则，就可能弄巧成拙。

再如，在刚愎自用、好大喜功的对手面前，不宜过多解释，而可以采用激将法。

又如，在沉默寡言、疑神疑鬼的对手面前，越殷勤，越妥协，往往越会引起更多的疑问和戒备。因此，关键在于想方设法启发对方开口，以便摸清虚实，对症下药。态度也不妨强硬一点，用自己的自信来感染、同化对方，打消疑虑。

有一家皮革材料公司，专为皮革制造厂家提供皮革材料。一次，一位客户登门。几句寒暄之后，公司负责人发现这位客户实力雄厚，需要量很大。在交谈中又发现这位客户比较自负，性急。于是皮革材料公司通过客户观看样品的机会，适当而得体地夸奖他的经验与眼力，在最后的价格谈判中，先开出每米 20 元，但接着加了一句："您是行家，我们开的价是生意的常规，有虚头骗不了您。最后的定价您说了算，我们绝无二话。"果然，客户在这种信任的赞誉声中，痛痛快快定了每米 15 元的价格（公司的进价是每米 12 元）。

显然，这样的战术成功了。而成功的关键还在于准确地把握住了对方的性格及心理，使用了正确的说话方法。

反对意见不妨绕个弯说

上司的地位高，在下属面前保持一定的尊严是必要的。作为下属，同上级沟通时必须洞悉上司的这种心理，尤其在提出反对意见时，要学会绕个弯去说。

春秋时期，齐景公放荡无度，喜欢玩鸟打猎，并派专人烛邹来看管鸟。一天，鸟全都飞跑了，齐景公大怒，要下令斩杀烛邹。这时，大臣晏子闻讯赶到，他看到齐景公正处在气头上，怒不可遏，便请求齐景公允许他在众人之前尽数烛邹的罪状，好让他死个明白，以服众人之心。齐景公答应了。于是，晏子便对着烛邹怒目而视，大声地斥道：

"烛邹，你为君王管鸟，却把鸟丢了，这是你第一大罪状；你使君王为了几只鸟而杀人，这是你第二大罪状；你使诸侯听了这件事，责备大王重鸟轻人，这是第三条罪状。以此三罪，你是死有余辜。"

说罢，晏子请求景公把烛邹杀掉。此时，景公早已听明白了其中的意思，转怒为愧，挥手说："不杀！不杀！我已明白你的指教了！"

这个故事就是下级迂回地批评领导，表达反对性意见，并被领导心悦诚服的接受得很好的一个例证。很明显，晏子是反对景公重鸟轻人的，但他看到景公正处于气头上，直谏反而不妙，于是就采取了以退为进、以迂为直的方法来间接地表达自己的意见，使齐景公得以领悟其中的利害关系和是非曲直，达到了既救烛邹之命，又得以说服景公的目的。而且，晏子也避免了直接触犯景公，给自己引来不必要的麻烦。

迂回地表达反对性意见，可避免直接的冲撞，减少摩擦，使领导更愿意考虑你的意见，而不被情绪所左右。

我们每个人都有着自己的一系列的观点和看法，它支撑着我们的自信，是我们思考的结果。无论是谁，遭到别人直言不讳的反对，特别是当受到激烈言辞的攻击时，都会产生敌意，导致不快、反感、厌恶乃至愤怒和仇恨。这时，我们会感到：气蹿两肋，肝火上升，血管膨胀，心跳加快，全身处于一种高度紧张状态，时刻准备做出反击。其实，这种生理反应正是心理反应的外化，是人类最本能的自我保护机制的反映。

自然，对于许多领导来说，由于历事颇多，久经世故，是能够临危不乱，沉得住气的，不会立即做出过激的反应。而且，许多领导还是有一定心胸的，不会褊狭地受情绪左右，意气用事。但是，其心中的不快却是不能自控的，而且由于领导处于指挥全局的岗位上，又加入了权力的因素，领导是很难避免出现愤怒情绪的。下属的直言不讳，往往会使领导觉得脸上无光，威名扫地，而领导的身份又决定了他非常需要这些东西。

过于直接的批评方式，会使领导自尊心受损，大跌脸面。因为这种方式使得问题与问题、人与人面对面地站到了一起，除了正视彼此以外，已没有任何的回旋余地，而且，这种方式是最容易形成心理上的不安全感和对立情绪的。你的反对性意见犹如兵临城下，直指上级的观点或方案，怎么会使领导不感到难堪呢？特别是在众人面前，领导面对这种已形成挑战之势的意见，别无选择，他只有痛击你，把你打败，才能维护自己的尊严与权威，而问题的合理性与否，早就被抛至九霄云外了，谁还有暇去追究、探索其中的道理呢？

事实上，我们会发现，通过间接的途径表达自己的意见反而更容易被人接受，这大概就是古人以迂为直的奥妙所在吧！

原因其实是很简单的，间接的方法很容易使你摆脱其中的各种利害关系，淡化矛盾或转移焦点，从而减少领导对你的敌意。在心绪正常的情况下，理智占了上风，他自然会认真地考虑你的意见，不致先入为主地将你的意见"一棒子打死"。

卡耐基在《人性的弱点》一书中就提出，每个人都会犯错误，每人也都有自尊心，有些问题可以不必采用直接批评的方法，相反，可采用间接的方法来指出问题，有时效果反而会更好。

其实，领导也是很普通的人，通过迂回的办法去表达自己的反对意见，并力求使领导改变主张，是十分奏效的方法。你无须过多的言辞、无须撕破脸面，更无须牺牲自己，就可以说服领导，接受你的意见。

美国经济学家、前总统罗斯福的私人顾问亚历山大·萨克斯，在1939年在爱因斯坦等科学家的委托下，企图说服罗斯福重视原子弹研究，以便在德国纳粹之前制造出原子弹。尽管有科学家们的信件和备忘录，但罗斯福反应冷淡，他说："这些都很有趣，不过政府若在现阶段干预此事，看来为时过早。"但他为表示歉意，决定邀请萨克斯于第二天共进早餐。

早餐开始前，罗斯福就提出，今天不许再谈爱因斯坦的信。但萨克斯含笑望着总统，说："我想谈一点历史。英法战争期间，在欧洲大陆上不可一世的拿破仑在海上却屡战屡败。这时，一位年轻的美国发明家富尔顿来到了这位法国皇帝面前，建议把法国战舰上的桅杆砍掉，撤去风帆，装上蒸汽机，把木板换成钢板。但是，拿破仑却想，船若没有帆就不能航行，木板换成钢板船就会沉没。他嘲笑富尔顿：'军舰不用帆？靠你发明的蒸汽机？哈哈，这简直是想入非非，不可思议！'结果富尔顿被轰了出去。历史学家们在评论这段历史时认为，如果当初拿破仑采纳富尔顿的建议，19世纪的历史就得重写。"萨克斯说完后，目光深沉地注视着总统。

罗斯福沉思了几分钟，然后斟满一杯酒，递给萨克斯，说道："你胜利了！"萨克斯终于说服了总统，揭开了美国制造原子弹的第一页。

萨克斯的成功显然得益于他绕个弯沟通的技巧。对于上司提出和坚持自己的意见，强求和毫无顾忌地直言只能碰钉子，而绕个弯沟通可以取得意想不到的效果。

二忌 该做不做

改变做法就能改变结果

◆————————————————

生存的第一要务就是不断做事，大事、小事、工作事、家里事，人活一生可以说事事不断。一个人如果生活、事业上不那么成功，最好从"做"上找原因：该做的事做了没有、做对了没有？记住"做"这个要诀，从现在开始做，你会找到最佳的生存方式，拥有一个不一样的生存环境。

▶▶ 第五章 想做：

拥有梦想是实现人生跨越的第一步

　　一个人有做事的能力、条件，但如果没有做事的欲望，仍将一事无成。做是需要动力的，梦想就是这样一个让人充满力量的动力。只要想做，多么大的困难、多么难以跨越的障碍都无法阻挡一个人前进的勇气和脚步，只要想做，就已经迈出了实现人生跨越的第一步。

用梦想推动行动的境界

　　人生因为有梦想而精彩。没有梦想的人生，犹如死水一潭，一个人有梦，愿意追梦，才不辜负这一生一世的美好时光。有梦想推动着的人生，生存的境界才会一步步提升，人生的风采才会亮丽夺目。

一个成功前的靓丽火花，经常来源于一个伟大的梦想。要想成功，它的雏形必定要有自己的梦想，不能让梦想破灭，要为自己的梦想而奋斗。

有梦想并不代表你一定会成功，对于那些没有勇气向梦想挑战的人来说，梦想简直就成了幻想。

1998 年 2 月 24 日，北京图书馆报告厅。一位二十出头的年轻姑娘正在就"中美文化交流"这一话题进行演讲。几百人的报告厅里座无虚席，演讲多次被掌声和笑声打断。这个女孩就是中国人民大学的毕业生王蕤，一个颇有名气的青年女作家和新闻人。

1993 年，王蕤远涉重洋到美国伯克利加州大学深造。

王蕤以独特的目光默默地感受着美国。在这里，学习和生活的方式与国内差异很大。开学了，没有课程表，有的课还要自己去选，去注册，然后要自己去查需要什么书，又要去买。就连考试的答案纸也要 10 美分一张自己去买。教师也不像中国那样有问题会耐心地解答，这里的教师上完课就走，有问题，要电话预约。

好在王蕤刻苦，她拼命地学。她觉得自己到这里，不仅是学知识，更是为一种尊严和骄傲。于是，每次考完试分发试卷时，教授总是先念王蕤的名字，因为她的成绩最好。作文课上，老师总是读王蕤的作文。她说，王蕤是她所遇到的外国学生中写作最优秀的。王蕤的每一点进步都是拼搏、奋斗出来的，没有一点投机。

学习之余，王蕤开始向梦想挑战了。她主动参与各种社会活动，体验生活。她是太平湾区摇滚乐队成员，圣何塞 ATEX 诗人俱乐部成员，在伯克利艺术节上，王蕤用英文创作的两首诗歌皆获大奖。王蕤还做过美联社采访员，参与过全美华人媒体使用习惯调查、全美畅销书作者系列讲演、星期二艺术家沙龙、民主党加州州长助选等活动。她能用中英文发表新闻与评论，在圣何塞国际中心举办过古筝演奏会……短暂的拼搏，王蕤便如在国内一样风风火火了。

一年前，王蕤从伯克利加州大学广告系以全 A 的成绩毕业，并取得留美居住权。毕业后她就选择了美国旧金山中国书刊社国际部副主任的职位。

现在，虽然"全球一体化"的观念在美国人心中越来越明晰，但许多人还是不了解中国，甚至一无所知，还有许多的误解。在上学期间，好多次的颁奖仪式上，她都被误认为是日本人或韩国人。可能只有在国外亲历过的人才能体味那种尴尬和苦涩。由此，王蕤更坚定了促进中美两国人民间交往、交流的决心。王蕤说，自己原来的想法是当一名外交官，"现在做一名民间大使感觉也不错"。

因为王蕤的影响力，工作不久，她便被推举为美中友好协会旧金山分会的会长。不久，王蕤策划出版了大量中国选题的英文书籍，把真实的中国告诉美国人。同时，她还致力于对中国文化的宣传。1997 年，她成功地筹备和举办了"湖南赴美书展"、"湖北文化周"、"中美版权贸易洽谈会"等系列活动。

思考王蕤的成功之路，不难发现，王蕤所具备的，不仅仅是敬业精神，在她身上始终闪烁着一种智慧的光芒。是的，对于自己的目标，她很执着；对于自己的工作，她很投入；然而，更重要的是，她在工作中善用脑子，善讲策略，敢于挑战自己的梦想。在对梦想的一次次追逐中，生存境界也在一步步改变，一次次提升。

王薇的成功也许并不是所有人都可以重复的，但她的那种对梦想不懈追求的人生境界，却值得我们每一个人认真审视。没有梦想或者放弃梦想的人生怎么可能卓越、超群？对于王薇而言，她只是一个普通的女孩子，而因为有了梦想，她的人生却发生了一系列的变化，所以，她又是一个不普通的女孩子。她的境界远非一个生活在懵懂状态的人所能理解的。所以生存并非吃饱穿暖那么简单。

当今时代的领军人物比尔·盖茨，从小就有一颗强烈的进取心和独特机敏的性格。不管是在玩游戏还是在学习上，盖茨总要争个第一，这在同龄人中是非常罕见的。每次盖茨读洛克菲勒的著作时，总是心情很激昂。少年的盖茨特别崇拜这位富豪，他经常用红色的笔在洛克菲勒的名言下画很多遍。

盖茨在湖滨中学时认识了一个非常要好的同窗——保罗·艾伦。刚到这所中学时，盖茨经常一个人读关于电脑方面的资料，并且还千方百计地去寻找这方面的东西。保罗·艾伦也酷爱这方面的知识，而且还时不时给盖茨出些难题想难为他。求知心、上进心终于使双方成为最要好的同窗。

盖茨曾说："我们都被计算机能做任何事的前景所鼓舞……艾伦和我始终怀有一个伟大的梦想，也许我们真的能用它干出点名堂。"

有一次，老师让每个人都说说自己的梦想。当问到盖茨时，他平静地站起来说："我要缔造一个关于计算机的王国，我要超过洛克菲勒的财富……"话未说完，课堂上爆发出长时间的嘲笑声。盖茨平静地坐了下来，脸上没有什么不好意思，只有眼里闪耀着坚定的目光。

终于在这一伟大梦想的放飞下，一个微软帝国诞生了，一个世界首富也随之诞生了。他不仅成了亿万富翁，而且资产已超过了洛克菲勒几十倍。所有的成绩与他那个富翁雏形梦想都是有很大关系的。

每一个人都不应该放弃对梦想的追逐。因为只有不断地奋斗、追逐，人生才会显得充实。在追逐的历程中，境界才会不断提高。

心抱希望，希望就给你动力

敢想是敢做的前提与基础，是迈向成功的第一步，只有迈出这一步，你才有机会施展才能，获得成功。

时间的脚步真是飞快，一转眼到了21世纪。人们的生活可以说发生了翻天覆地的变化。过去常听老人讲，将来的生活是"楼上楼下，电灯电话"，现在不但实现了，而且当今社会的资讯异常发达，手机已经很普遍了，电脑已经走入了寻常百姓家。这在过去恐怕是人们想都不敢想的。更值得一提的是中国的"神舟六号"宇宙飞船已经飞上了天，国家的综合实力得到了进一步加强。这一切的一切在过去也只是人们的一种美好的幻想而已，如今却都变成了现实。谁能否认今天的这一切不是以"敢想"作为前提的呢？

成功人士与失败人士之间的差别就在于：成功人士具有一个良好的心态，他们敢于直面困难，敢想敢做，能用最乐观的精神和最丰富的经验来支配和控制自己的人生。失败者刚好相反，他们的人生是受过去的种种失败与疑虑所引导和支配的。希望人们都能睁开心灵的双眼，努力发现周围美好的东西，不断挖掘自身的潜力，敢于大胆地设想自己的目标，并不断为之努力，这样你一定会有美好而充实的人生。

诚然，如今世界上的穷人确实太多了，他们大多数只是甘于过穷日子，从来没有想过自己为什么这么穷，从来没有人站出来说一句：穷，也要站到富人堆里。他们没有认清自己还有选择成功的余地。

然而，我们每天听到的却是这样的话："我很喜欢那个东西，但是我买不起。""我买不起"，"我花不起"。没错，你是买不起，但不必挂在嘴上。如果你不断地说"我买不起"，那你一辈子真的会这样"买不起"下去。选择一个比较积极的想法，你应该说："我会买的，我要得到这个东西。"当你在心中建立了"要得到"、"要买"的想法，你就同时有了期待，心里就有了追求它的激情。千万不要摧毁你的希望，一旦你舍弃了希望，那么你就把自己的生活引入了挫折与失望。

有一个一文不名的年轻人，他说："总有一天，我要到欧洲去。"坐在旁边的朋友都嘲笑他太天真，

20年之后，那个年轻人带着妻子果然去了欧洲。当时他并没有说："我想去欧洲，就怕我永远花不起这笔钱。"他心抱希望，希望就给了他动力，促使他为了要去欧洲而有所行动。

假如你说："我花不起。"那么一切就会停顿，希望没有了，心智迟钝了，精神也丧失了，久而久之我们就会让自己相信事情是不可能的。而如果我们懂得运用"选择的力量"，则能带给我们希望和勇气，使我们能够力行不辍，去获取我们真正想得到的东西。

也许你曾听过这么一则寓言故事：过去在同一座山上，有两块相同的石头，三年后发生截然不同的变化，一块石头受到很多人的敬仰和膜拜，而另一块石头却受到别人的唾骂。这块石头极不平衡地说道："老兄呀，在三年前，我们曾经同为一座山上的石头，今天产生这么大的差距，我的心里特别痛苦。"另一块石头答道："老兄，你还记得吗，在三年前，来了一个雕刻家，你害怕割在身上一刀刀的痛，你告诉他只要把你简单雕刻一下就可以了，而我那时想象未来的模样，不在乎割在身上一刀刀的痛，所以产生了今天的不同。"

两者的差别：一个是关注想要的，一个是关注惧怕的。过去的几年里，也许同是儿时的伙伴、同在一所学校念书、同在一个部队服役、同在一家单位工作，几年后，发现儿时的伙伴、同学、战友、同事都变了，有的人变成了"佛像"石头，而有的人变成了另外一块石头。

假如有一辆没有方向盘的超级跑车，即使有最强劲的发动机，也一样会不知跑到哪里；同理，不管你希望拥有财富、事业、快乐，还是期望别的什么东西，都要以一种敢想敢做的勇气去实现它。"人生教育之父"卡耐基说："我们不要看远方模糊的事情，要着手身边清晰的事物。"在这个世界上没有什么做不到的事情，只有想不到的事情，只要你敢想并下定决心去做，你就一定能得到。

洛克菲勒在他还一文不名的时候曾说过，"有一天，我要变成百万富翁。"他果然实现了愿望。所以，你应该了解：一切你想要得到的东西在还未实现之前，本来都只是一些想法。你的经济情况也一样，先要有想法，然后才会变成现实。想法改变了，外在改变也会随之而来，这可是一条永远不变的法则。如果你经常说"我付不起"、"我永远得不到"、"我注定是受穷的命"……那你就封闭了通往自谋幸福的路。只有不时进行选择性的思考，才会改变想法和现实。必要的时候，不妨运用一下想象力，你会发现：以前不敢奢望的好运会降临，生命会有转机，你的生命会出现一种崭新的面貌。

敢想是成功的第一步，有了一个美好的理想之后，接下来就要用积极的心态和行动去实现自己的目标。否则你的理想就会化为华丽的泡沫一瞬即逝。敢想敢做会使你施展全部力量，尽力而为，超越自我，使你把毕生的能力发挥到极限，排除一切障碍，使你的生活更加踏实。

敢想，才能与众不同

在现实生活中，有很多人活得很迷茫。他们不知道自己活着的目的何在，每天只是机械地重复着千篇一律的生活。他们对很多事情，不敢去想，不敢去做，更不敢去奢望梦想中的生活，这样的人是注定与成功无缘的，为什么大家不用自己锐利的目光去解剖成功者到底是如何成功的呢？

汤姆·邓普西的故事想必大家都有所闻，虽然这个例子很大众化，但是它确实体现出了一个问题——敢于想象就能与众不同。

汤姆·邓普西生下来的时候只有半只左脚和一只畸形的右手，父母怕他丧失信心，经常鼓励他。通过父母的鼓励，他没有因为自己的残疾而感到不安，反而养成了一种争强好胜的个性。果真如此，其他人能做到的事他都能做。例如童子军团行军 10 公里，汤姆也同样走完 10 公里。后来他要踢橄榄球，他发现，他能把球踢得比其他男孩子都要远，这更坚定了他要做一个不平凡的人的决心。

后来，他找人为自己专门设计了一只鞋子，参加了踢球测验，并且得到了冲锋队的一份合约。但是教练却一直劝说他，你不具有做职业橄榄球员的条件，最好去试试其他的行业。

这时候，他性格当中那种顽强不服输的劲头又在发挥作用了。汤姆·邓普西提出申请加入新奥尔良圣徒球队，并且请求给他一次机会。教练虽然心存怀疑，但是看到这个男孩有这么大的成功欲望，对他有了好感，因此就收下了他。

时间不长，教练越来越喜欢这位浑身充满激情的年轻人了，因为汤姆·邓普西在一次友谊赛中踢出了 55 码远并且得分，最终使他获得了为圣徒队踢球的工作，而且在那一季中为他的球队赢得了 99 分。

一次神圣的时刻，球场上坐满了 6 万多名球迷。球是在 28 码线上，比赛马上就开始了。球队把球推进到 45 码线上。"邓普西，进场踢球！"教练大声说。

球传接得很好，邓普西使足全身的力气将球踢了出去，球笔直地前进。但是踢得够远吗？6 万多名球迷屏住气观看，接着，终端得分线上的裁判举起了双手，表示得了 3 分，球在球门横杆之上几英寸处飞过，汤姆这一队以 18：17 获胜。球迷狂呼乱叫，为获胜者而兴奋，这是只有半只脚和一只畸形手的球员踢出来的！

"真是难以相信。"有人大声叫，但是邓普西只是微笑。他想起他的父母，他们一直告诉他的是他能做什么，而不是他不能做什么。他之所以踢出这么了不起的记录，正如他自己说的："我父母从来没有告诉我，我有什么不能做的。"

从上面的例子大家不难看出，敢于想象是成功的标志。对于汤姆·邓普西来说，他只有半只左脚和一只畸形的右手，对于一般人来讲，敢想去踢橄榄球吗？如果连想都不敢想，能取得最后的成功吗？

想象力通常被称为灵魂的创造力，它是每个人自己的财富，是每个人最可贵的才智。拿破仑曾经说过："想象力统治全世界。"一个人的想象力往往决定了他成功的概率，一个敢想敢做的人，他的成功率就会很高。

亨利·福特和安德鲁·卡耐基既是生意上的朋友，也是生活中的朋友。当福特汽车厂大批量生产汽车的时期到来时，卡耐基的钢铁像树木一样，源源不断地运到福特汽车制造厂。福特的名气和当时的卡耐基、摩根、洛克菲勒一样传遍世界的每一角落。

福特于1863年7月生于美国密歇根州。他的父亲是个农夫，觉得孩子上学根本就是一种浪费。老福特认为他的儿子应该留在农场帮忙，而不是去念书。

自幼在农场工作，使福特很早便对机器产生兴趣，于是他那用机器去代替人力和牲口的想象与意念便早露端倪。

福特12岁的时候，已经开始构想要制造一部"能够在公路上行走的机器"。这个意念，深深地印在他的脑海里，日日夜夜萦绕着他。旁边的人，都认为他的构想是不切实际的。老福特希望儿子做农场助手，但少年福特却希望成为一名机械师。他用一年多的时间就完成别人需要三年的机械师训练，从此，老福特的农场便少了一位助手，但美利坚合众国却多了一位伟大的工业家。

福特认为这世界上没有"不可能"这回事。他花了两年多的时间用蒸气去推动他构想的机器，研究了两年多，但行不通。后来，他在杂志上看到可以用汽油氧化之后形成燃料以代替照明煤气，触发了他的"创造性想象力"，此后，他全心全意投入汽油机的研究工作。

福特每一天都在梦想成功地制造一部"汽车"。他的创意被大发明家爱迪生所赏识，爱迪生邀请他当底特律爱迪生公司的工程师，让他有机会实现他的梦想。

终于，在1892年，福特29岁时，他成功地制造出了第一部汽车引擎。而在1896年，也就是福特33岁的时候，世界第一部摩托车便问世了。

由1908年开始，福特致力于推广摩托车，用最低廉的价格，去吸引越来越多的消费者。今日的美国，每个家庭都有一部以上的汽车，而底特律则一举成为美国的大工业城，成为福特的财富之都。

亨利·福特在取得成功之后，便成了人们羡慕备至的人物。人们觉得福特是由于运气，或者有成功的朋友，或者天才，或者他们所认为的形形色色的福特"秘诀"——这些东西使福特获得了成功，但他们并不真正知道福特成功的原因。柯维博士后来说过："也许在每10万人中有一个懂得福特成功的真正原因，而这少数人通常又耻于谈到这点，因为这个成功秘诀太简单了。这个秘诀就是想象力。事实上，在一定程度上，只要能想到就一定能办到。"

在生活当中，不怕做不到，只怕想不到，只要人们敢于想象，就会变得与众不同，就会迈向成功。

有目标的人生才有意义

没有目标的人生，就像一艘无人驾驶的小舟，漫无目的地随风飘荡。确立了明确目标的人，就等于离人生的高层境界不再遥远了。确立明确目标是成就高标准生存境界的起点，所以，你首先必须认识"确立目标"的重要性。

许多人之所以在生活中一事无成，最根本的原因在于他们不知道自己到底要做什么。

在生活和工作中，明确自己的目标和方向是非常必要的。只有知道自己的目标是什么、到底想做什么之后，才能够达到自己的目的，梦想才会变成现实。

一个小伙子，因为对自己的工作不满意而向柯维咨询。他自己的生活目标是：找一个称心如意的工作，改善自己的生活处境。

"那么，你到底想做点什么呢？"柯维问。

"我也说不太清楚，"年轻人犹豫不决地说，"我还从没有考虑过这个问题。我只知道自己的目标不是现在这个样子。"

"那么你的爱好和特长是什么？"柯维接着问，"对于你来说，最重要的是什么？"

"我也不知道，"年轻人回答说，"这点我也没有仔细考虑过。"

"如果让你选择，你想做什么？你真正想做的是什么？"柯维对这个话题穷追不舍。

"我真的说不准，"年轻人困惑地说，"我真的不知道自己究竟喜欢什么，我从没有仔细考虑过这个问题，我想我确实应该好好考虑考虑了。"

"那么，你看看这里吧，"柯维用双手比画着说，"你想离开你现在所在的位置，到其他地方去。但是，你不知道你想去哪里。你不知道自己喜欢做什么，也不知道自己到底能做什么。如果你真的想做点什么的话，现在你必须拿定主意。"

你必须首先确定自己想干什么，然后才能达到自己确定的目标。同样，你应该首先明确自己想成为怎样的人，然后才能把自己造就成那样的有用之材。

目标会使你拥有胸怀远大的抱负，目标会在失败时赋予你再去尝试的勇气，目标会使你不断向前奋进，目标会给你前途，目标会使你避免倒退，不再为过去担忧，目标会使理想中的我与现实中的我统一。当别人问你"你是谁"时，你可以回答："我是能完成自己目标的人。"

正如空气对生命一样，目标对高境界的人生也有绝对的必要。如果没有空气，没有人能够生存；如果没有目标，没有人能够达到该有的人生境界。一个人以自己的努力获得的收获，在开始的时候，只不过是存于心里的一幅清晰、简明、有待追求的画面而已。当那幅画面成长、扩大，或发展到使人着魔的程度时，就被人的潜意识接受。从那一刻起，当事人会身不由己地被牵扯着、导引着，为实现心底的那幅画面而努力不已。

　　然而，大多数人都在没有明确目标或明确计划的情况下接受完教育，找一份工作，或开始从事某一种行业。现代科学已能够提供相当正确的方法来分析人们的个性，以使人们选择适合他们的职业。但许多人依然如无头苍蝇到处乱撞，找不到合适的工作。因为他们从一开始就没有确立明确的目标，所以到了而立之年乃至不惑之年，还在为找不到合适的工作而苦恼。

　　即使你有一颗善良的心、有一副健壮的身体，或者具备丰富的学识、非凡的才干，你也不能保证自己会拥有高境界的一生，因为这些并非你人生卓越的全部要素。具备这些条件者成千上万，他们照样失落一生。何故？因为他们缺乏开创事业所必备的条件，即生活的目标。缺乏目标的人生是毫无意义可言的，他们浑浑噩噩，庸庸碌碌，只看见眼前的阴影，看不见明天的曙光，人生的天空隐晦失色，精神世界充满空虚。这样的人生，是何等的乏味！

▶▶ 第六章 敢做：

用一流的行动力追求更佳地做事成效 ▶▶

有些人之所以不能成功，并非不知道该怎么去做，而是前怕狼后怕虎，对结果的消极一面想得太多。任何事情仅仅停留在梦想当中或口头上，都不可能取得成功。事情想明白了，问题看准了就坚决而迅速地采取行动，绝不婆婆妈妈和拖泥带水——机会往往是通过行动来创造和把握的。

敢于尝试，是挑战成功的第一步

你可能有很多美妙的构想、详尽的计划，但如果你不去尝试、不敢行动，那么它们就毫无意义。只有大胆尝试，才能把梦想化为现实。

美国探险家约翰·戈达德说："凡是我能够做的，我都想尝试。"在约翰·戈达德15岁的时候，他就把他这一辈子想干的大事列了一个表。他把那张表题名为"一生的志愿"。表上列着："到尼罗河、亚马孙河和刚果河探险；登上珠穆朗玛峰、乞力马扎罗山和麦特荷恩山；驾驭大象、骆驼、鸵鸟和野马；探访马可·波罗和亚历山大一世走过的道路；主演一部《人猿泰山》那样的电影；驾驶飞行器起飞降落；读完莎士比亚、柏拉图和亚里士多德的著作；谱一部乐曲；写一本书；游览全世界的每一个国家；结婚生孩子；参观月球……"每一项都编了号，一共有127个目标。

当戈达德把梦想庄严地写在纸上之后，他就开始抓紧一切时间来实现它们。

16岁那年，他和父亲到乔治亚州的奥克费诺基大沼泽和佛罗里达州的埃弗格莱兹去探险。这是他首次完成了表上的一个项目，他还学会了只戴面罩不穿潜水服到深水潜游，学会了开拖拉机，并且买了一匹马。

20岁时，他已经在加勒比海、爱琴海和红海里潜过水了。他还成为一名空军驾驶员，在欧洲上空做过33次战斗飞行。他21岁时，已经到21个国家旅行过。

22岁刚满，他就在危地马拉的丛林深处，发现了一座玛雅文化的古庙。同一年，他就成为"洛杉矶探险家俱乐部"有史以来最年轻的成员。接着，他就筹备实现自己宏伟壮志的头号目标——探索尼罗河。

戈达德26岁那年，他和另外两名探险伙伴，来到布隆迪山脉的尼罗河之源。三个人乘坐一只仅有60磅重的小皮艇，开始穿越6000千米的长河。他们遭到过河马的攻击，遇到了迷眼的沙暴和长达数千米的激流险滩，闹过几次疟疾，还受到过河上持枪匪徒的追击。出发10个月之后，这三位"尼罗河人"胜利地从尼罗河口进入了蔚蓝色的地中海。

紧接着尼罗河探险之后，戈达德开始接连不断地实现他的目标：1954年他乘筏漂流了整个科罗拉多河；1956年探查了长达4000多千米的全部刚果河；他在南美的荒原、婆罗洲和新几内亚与那些食人生番、割取敌人头颅作为战利品的人一起生活过；他爬上乞力马扎罗山；驾驶超声速两倍的喷气式战斗机飞行；写成了一本书《乘皮艇下尼罗河》；他结了婚，并生了五个孩子。开始担任专职人类学者之后，他又萌发了拍电影和当演说家的念头。在以后的几年里，他通过讲演和拍片，为他下一步的探险筹措了资金。

将近60岁时，戈达德依然显得年轻英俊，他不仅是一个经历过无数次探险和远征的老手，还是电影制片人、作者和演说家。戈达德已经完成了127个目标中的106个。他获得了一个探险家所能享有的荣誉，其中包括，成为英国皇家地理协会会员和纽约探险家俱乐部的成员。沿途，他还受到过许多人士的亲切会见。他说："……我非常想做出一番事业来。我对一切都极有兴趣：旅行，医学，音乐，文学……我都想干，还想去鼓励别人。我制定了那张奋斗的蓝图，心中有了目标，我就会感到时刻都有事做。我也知道，周围的人往往墨守成规，他们从不冒险，从不敢在任何一个方面向自己挑战。我决心不走这条老路。"

戈达德在实现自己目标的征途中，有过18次死里逃生的经历。"这些经历教我学会了百倍地珍惜生活，凡是我能做的，我都想尝试，"他说，"人们往往活了一辈子，却从未表现出巨大的勇气、力量和耐力。但是，我发现，当你想到自己反正要完了的时候，你会突然产生惊人的力量和控制力，而过去你做梦也没想到过，自己体内竟蕴藏着这样巨大的能力。当你这样经历过之后，你会觉得自己的灵魂都升华到另一个境界之中了。"

《一生的志愿》是我在年纪很轻的时候立下的，它反映了一个少年人的志趣，其中当然有些事情我不再想做了，像攀登珠穆朗玛峰或当'人猿泰山'那样的影星。制定奋斗目标往往是这样，有些事可能力不从心，不能完成，但这并不意味着必须放弃全部的追求。""检查一下你的生活并向自己提出这样一个问题是很有好处的：'假如我只能再活一年，那我准备做些什么？'我们都有想要实现的愿望，那就别延宕，从现在就开始做起！"

天上不会掉馅饼，等待无法把理想化为现实，如果你有某种强烈的愿望，那么就要积极迈出实现它的第一步，这样你的梦想才不会是空想。

凡事当断则断，才能免受其害

当情况不明而又亟须你作出决断时，一个哪怕错误的决定也要比瞻前顾后强得多。

有一位作家说过："世界上最可怜又最可恨的人，莫过于那些总是瞻前顾后、不知取舍的人，莫过于那些不敢承担风险、彷徨犹豫的人，莫过于那些无法忍受压力、优柔寡断的人，莫过于那些容易受他人影响、没有自己主见的人，莫过于那些拈轻怕重、不思进取的人，莫过于那些从未感受到自身伟大内在力量的人，他们总是背信弃义、左右摇摆，最终自己毁坏了自己的名声，最终一事无成。"

有一天，有一个在恋爱中的年轻人很想到他的女友家中去，找他的女友出来，一块儿消磨一个下午。但是，他又犹豫不决，不知道他究竟应该不应该去，恐怕去了之后，或者显得太冒昧，或者他的女友太忙，拒绝他的邀请。于是他左右为难了老半天，最后，他勉强下决心去了。

但是，当车一进他女友住的巷子时，他就开始后悔不该来：既怕这次来了不受欢迎，又怕被女友拒绝，他甚至希望司机把他现在就拉回去。

车子终于停在他女友的门前了，他虽然后悔来，但既来了，只得伸手去按门铃。现在他只好希望来开门的人告诉他说："小姐不在家。"他按了第一下门铃，等了3分钟，没有人答应。他勉强自己再按第二下，又等了2分钟，仍然没有人答应。于是他如释重负地想："全家都出去了。"

于是他带着一半轻松和一半失望回去，心里想：这样也好。但事实上，他很难过，因为这一个下午没法安排了。

你能猜到他的女友现在在哪里吗？他的女友就在家里，她从早晨就盼望这位先生会突然来找他，带她出去消磨一个下午。她不知道他曾经来过，因为她门上的电铃坏了。那位先生如果不是那么瞻前顾后，如果他像别人有事来访一样，按电铃没人应声，就用手拍门试试看的话，他们就会有一个快乐的下午了。但是他并没有下定决心，所以他只好徒劳而返，让他的女友也暗中失望。

瞻前顾后的做法使人丧失许多机遇。很多时候，很多事情，如果我们能横下一条心去做，事情的结果就会大不相同。

有个人听说某公司招考一个职员，这公司的待遇优厚，前景也好，他很想去试试，但是他怕自己能力不够，又怕万一考不取丢脸。于是他犹豫着，没有下决心。直到最后，他发现另外一个比他条件差得多的人居然考取了，他才后悔自己为什么不去试一试。

许多事是应该用勇气和决心去争取的。有一位先生，他是某公司经理，他有一种不允许别人有机会扰乱他意志的长处。往往在别人还在他旁边不停地叙述事情的困难的时候，他已经把他的办法拿出来了，干净利落，绝不拖泥带水。

他那种明快果决的本领，十分令人折服。而我们一般人，却常常做不到这样。当我们遇到问题的时候，时常并不是对这问题的本身不能理解，而是我们往往被枝节的问题所困扰，因为我们太容易被周围人们的闲言碎语所动摇，太容易瞻前顾后、患得患失，以至于给外来的力量一种可以左右我们的机会。谁都可以在我们摇晃不定的天平上放下一颗砝码，随时都有人可以使我们中途变卦，结果弄得别人都是对的，自己却没有主意。这真是我们成功途中的一个大障碍。

要想扫除这种障碍，自然第一得先训练自己对真理的判断能力。但最重要的还是要训练自己在判断之后，坚定、勇敢、自信地去把这个判断付诸实行。

对一个坚决朝向他目标走着的人，别人一定会为他让路。而对一个踯躅不前、走走停停的人，别人一定抢到他前面去，绝不会让路给他。

那么，如何克服这种阻碍我们成功的习惯呢？经验证明以下方法卓有成效，不妨去试一试：

做事时，要有"今天是我们生命中的最后一天"的"荒诞"意识。

"假如今天是我生命中的最后一天"，这是美国畅销书《世界上最伟大的推销员》的作者奥格·曼狄诺警示人生的一句话。真的，无论是谁，无论是想干一件什么事，如果优柔寡断的话，就会一事无成。而这种意识，恰恰是一把利刃，可立即斩断你的忧思愁绪，也像一口警钟，督促你当机立断，刻不容缓。

同时你还要甩下包袱不顾一切，要有一种豁出去的心态。"大不了就是做错了"，"大不了就是被人笑话一顿"，而这些又能对你怎么样呢？一旦你有了这样一种意识，肯定就会敢做敢当，优柔寡断的现象肯定会在你身上消失得无影无踪。

不要小看了优柔寡断的行为方式给我们带来的副作用，许多足以改变命运的契机，都因为优柔寡断而与我们失之交臂，永不再来。

好的创意，要由积极的行动去落实

创意就是一些能够改变我们命运的契机，抓住了它们你就能走向成功。而创意并不是个别天才的财富，我们每个人也都能拥有，因此努力行动吧，千万不要与它失之交臂。

有许多方法可以激发你的创意，下面两个方法非常容易见效。

首先，至少要加入你自己本行的一个职业团体，定期参加各种聚会。但是这个团体必须有朝气才行。要经常跟那些很有发展潜力的人士交往，彼此交换意见，经常听到有人说："我在某个会议中忽然得到一个灵感"或"我在昨天的聚会中忽然心血来潮"。请注意，孤独闭塞的心灵很快就会营养不良，想不出人人都迫切需要的新主意。因此从别人那里找点灵感，是最好的精神食粮。

其次，至少参加一个本行以外的团体。认识那些做其他工作的人士，会帮你开阔眼界，看到更伟大的未来。你很快就会知道，这样做对你本行工作的进步有多大的激励效果。

创意是思想的果实，但是只有在适当的管理和积极的实行之后才有价值。

每一棵橡树都会结出许多橡树种子，但也许只有一两颗种子能长成橡树，因为松鼠会吃掉大部分的橡树种子。

创意也一样，一般的创意都很脆弱，如果不好好维护，就会被"松鼠"（消极保守的思想）破坏殆尽。从创意萌芽，直到变成功效很大的实用方法，都得经过特殊处理。请你利用下面六个方法来适当管理和发展自己的创意：

第一，不要让创意平白飞掉，要随时记下来。

我们每天都有许多新点子，却因为没有立刻写下来而消失了。一想到什么，就马上写下来。有一个经常旅行的人随身带一块笔记板，创意一来，立刻记下来。有丰富的创造心灵的人都知道：创意可随时随地翩然而至，不要让它无缘无故地飞走，错失了你的思想结晶。

第二，定期复习你的创意。

把创意装进档案中。这种档案可能是个柜子，是个抽屉，甚至鞋盒也可以用。从此定期检查自己的档案。其中有些可能没有价值，就干脆扔掉，有意义的才留下来。

第三，继续培养及完善你的创意。

要增加创意的深度和范围，把相关的联合起来，从各种角度去研究。时机一成熟，就把它用到生活、工作以及你的将来上，以便有所改善。

当建筑师得到一个灵感时，他会画一张蓝图；当广告商想到一个促销广告时，会画成一系列的图画；当作家写作以前，也要准备一份提纲。

尽量设法将灵感明确、具体地写出来。因为，当它具有具体的形象时，很容易找到里面的漏洞，同时在进一步修改时，很容易看出需要补充什么。接着，还要想办法把创意推销出去，不管对象是你的顾客、员工、老板、朋友、俱乐部的会员，还是投资人，反正一定要推销出去才行，否则就白费力气。

第四，每一个灵感都是新构想。

1947 年 2 月的一天，拍立得公司的总经理兰德正在替女儿照相，女儿着急地问，什么时候可以见到照片？兰德耐心地解释，冲洗照片需要一段时间，说话时他突然想到，照相术在根本上犯了一个错误——为什么我们要等好几个小时，甚至几天才能看到照片呢？

如果能当场把照片冲洗出来，这将是照相术的一次革命。难题是在一两分钟之内，就在照相机里把底片冲洗好，而且用干燥的方法冲洗底片。

兰德必须掌握解决所有这些问题的方法。他以令人难以置信的速度开始工作。6 个月之内，就把基本的问题解决了。

诚如他的一名助理所说："我敢打赌，即使 100 个博士，10 年间毫不间断地工作，也没有办法重演兰德的成绩。"这话毫不夸张。

第五，不要轻易放过偶然现象。

在长期的生活实践中，人们有时会得到一些偶然的发现。说是偶然，其实并不神秘，当人们对所研究的对象还认识不清而又不断和它打交道，就可能出现一些出乎意料的新东西。对待偶然发现，一是不要轻易放过，二是要弄清它的原因。

大约1780年，意大利人伽伐尼偶然发现蛙腿在发电机放电的作用下会收缩。6年后他又发现：如果把青蛙腰部的神经挂在铜钩子上，钩子另一端挂在铁栏上，那么当铁钩每次跟蛙脚和铁栏接触时，蛙腿也会收缩。他把这种效应归结为动物电，正确解释了他的发现是发电的结果；但却错误地以为蛙腿会由于某种生理过程而产生电荷。

伽伐尼事实上已发现了电流，但不认识它，需要结合法国人伏打的思想，才能说明他究竟做了些什么。1795年，伏打指出：不用动物也能发电，只要把两块不同的金属放在一起，中间隔一种液体或湿布就行。据此伏打发明了电池，开创了化学电源的方向。

青霉素的发现也是一个有趣的故事。英国圣玛利学院的细菌学讲师弗来明早就希望发明一种有效的杀菌药物。1928年，当他正研究毒性很大的葡萄球菌时，忽然发现原来生长得很好的葡萄球菌全都消失了。是什么原因呢？经过仔细观察后发现，原来有些别的霉菌掉到那里了。显然消灭这些葡萄球菌的，不是别的，正是青霉菌。这一偶然事件，导致药物青霉素以及一系列其他抗生素的发明，后者是现代医药学中最大成就之一。

"踏破铁鞋无觅处，得来全不费工夫。"其实工夫是花了的，而且花得很大，全花在"觅"字上，那证据就是"踏破铁鞋"。如果弗来明不是存心在"觅"，那么再伟大的奇迹也会视而不见的。无论是科学工作者还是非科学工作者不仅要善于发现，而且要善于自知已经做出的发现。只有那些辛勤劳动，对问题有过长期的苦心钻研，下过大工夫的人，才会有高度的科学敏感性，才可能到达成功的彼岸。

第六，千万别小看自己无意中的主意。

机遇＋实力＝成功。

可以肯定，几乎所有成功者都是在自身实力的基础上，看准时机，及时捕捉，借此冲向目标。

安全刀片大王吉利，未发明刀片以前是一家瓶盖公司的推销员。他从20多岁时就开始节衣缩食，把省下来的钱全用在发明研究中。过了近20年，他仍旧一事无成。

有一年夏天，吉利到保斯顿市去出差。在返回的前一天买了火车票。翌晨，他起床迟了一点，正匆忙地用刀刮胡子，旅馆的服务员急匆匆地走进来喊道："再有五分钟，火车就要开了！"吉利听到后一紧张，不小心把嘴巴刮伤了。

吉利一边用纸擦血一边想："如果能发明一种不容易伤皮肤的刀子，一定大受欢迎。"

这样，他就埋头钻研。经过千辛万苦之后，吉利终于发明了现在我们每天所用的安全刀片。他摇身一变成为世界安全刀片大王。

成千上万的人可能都有过很好的创意，但却因为没有大胆行动而错过了它们，最终沦为平庸之辈。这实在是一个悲剧，因此我们一定要行动起来，把你的创意变成成功、变成财富。

在行动中检验和完善自己

想知道你的计划有没有缺失，想知道你的目标能不能实现，那就大胆地去行动吧！只有行动，只有行动才能检验和完善你的计划，让你快速地走向成功。

许多人做事都有一种习惯，非等算计到"万无一失"，才开始行动。其实，这还是"惰性"在作祟，周密计划只不过是一个不想行动的借口。首先，生活、工作中的目标，并非都是"生死攸关"，即使贸然行动，也不会有什么大不了的事发生；其次，目标是对未来的设计，肯定有许多把握不准的因素，目标是否真的适合自己，其可行性如何，也只有行动才是最好的检验。

行动确实可以治疗恐惧。史华兹博士提到以下这个例子：

曾有一位 40 岁出头的经理人苦恼地来见史华兹博士。他负责一个大规模的零售部门。

他很苦恼地解释："我怕会失去工作。我有预感我离开这家公司的日子不远了。"

"为什么呢？"

"因为统计资料对我不利。我这个部门的销售业绩比去年降低了7%，这实在很糟糕，特别是全公司的总销售额增加了6%。而最近我也作了许多错误的决策，商品部经理好几次把我叫去，责备我跟不上公司的进展。"

"我从未有过这样的光景。"他继续说，"我已经丧失了掌握局面的能力，我的助理也感觉出来了。其他的主管觉察到我正在走下坡，好像一个快淹死的人，这一群旁观者站在一边等着看我的笑话呢！"

这位经理不停地陈述种种困局。最后史华兹博士打断他的话问道："你采取了什么措施？你有没有努力去改善呢？"

"我猜我是无能为力了，但是我仍希望会有转机。"

史华兹博士反问："只是希望就够了吗？"博士停了一下，没等他回答就接着问："为什么不采取行动来支持你的希望呢？"

"请继续说下去。"他说。

"有两种行动似乎可行。第一，今天下午就想办法将那些销售数字提高。这是必须采取的措施。你的营业额下降一定有原因，把原因找出来。你可能需要来一次廉价大清仓，好买进一些新颖的货色，或者重新布置柜台的陈列，你的销售员可能也需要更多的热忱。我并不能准确指出提高营业额的方法，但是总会有方法的。最好能私下与你的商品部经理商谈。他也许正打算把你开除，但假如你告诉他你的构想，并征求他的意见他一定会给你一些时间去进行。只要他们知道你能找出解决的办法，他们是不会辞掉你的，因为这样对他们来说很划不来。"

史华兹博士继续说："还要使你的助理打起精神，你自己也不能再像个快淹死的人，要让你四周的人都知道你还活得好好的。"

这时他的眼神又露出勇气。

然后他问道："你刚才说有两项行动，第二项是什么呢？"

"第二项行动是为了保险起见，去留意更好的工作机会。我并不认为在你采取肯定的改善行动，提升销售额后，工作还会不保。但是骑驴找马，比失业了再找工作容易十倍。"

没过多久这位一度遭受挫折的经理打电话给史华兹博士。

"我们上次谈过以后，我就努力去改变。最重要的步骤就是改变我的销售员。我以前都是一周开一次会，现在是每天早上开一次，我真的使他们又充满了干劲，大家都看出我要努力改变目前的局面，所以他们也都更努力了。"

"成果当然也出现了。我们上周的营业额比去年高很多，而且比所有其他部门的平均业绩也好很多。"

"喔，顺便提一下，"他继续说，"还有个好消息，我们谈过以后，我就得到两个工作机会。当然我很高兴，但我都回绝了，因为这时我的一切又变得十分美好。"

"行动具有激励的作用，行动是对付惰性的良方。"

你也根本不必先变成一个"更好"的人或者彻底改变自己的生活态度，然后再追求自己向往的生活。只有行动才能使人"更好"。因此最聪明的做法就是向前，进而去实现自己所向往的目标，想做什么就去做，然后再考虑完善目标。只要行动起来，生活就会走上正轨而创造奇迹，哪怕你的生活态度暂时是"不利的"。

正如英国文学家、历史学家狄斯累利所言：

"行动不一定就带来快乐，但没有行动则肯定没有快乐。"

▶▶ 第七章 会做： ▶▶

掌握正确地做事原则和方法

为什么大家同样在做事，有的人功成名就，而有的人却沦于平庸？这里面就有一个原则和方式方法的问题。聪明人不仅想做事、敢做事，还要会做事。只有会做，才能把难事做简单，把普通事做好，也才能心有所想而事有所成。

做事要顺其自然，不可违背规律蛮干

我们做事不能违背规律蛮干，否则后果就不堪设想。万物皆有属性，顺其自然，方见世界真谛。

顺其自然，可以使事情变得容易，而且又符合自然规律。

从前，有位樵夫生性愚钝，有一天他上山砍柴，不经意间看见一只从未见过的动物。于是，他上前问："你到底是谁？"

那动物开口说："我叫'领悟'。"

樵夫心想：我现在就是缺少"领悟"啊！把它捉回去算了！

这时，"领悟"就说："你现在想捉我吗？"

樵夫吓了一跳：我心里想的事它都知道！那么，我不妨装出一副满不在意的模样，趁它不注意时赶紧捉住它！

结果"领悟"又对他说："你现在又想装成不在意的模样来骗我，等我不注意时，将我捉住。"

樵夫的心事都被"领悟"看穿，所以就很生气：真是可恶！为什么它能知道我在想什么呢？

谁知，这种想法马上又被"领悟"发现。

它又开口："你因为没有捉住我而生气吧！"

于是，樵夫从内心检讨：我应该把它忘记，专心砍柴。

樵夫想到这里，就挥起斧头，用心地砍柴。

一不小心，斧头掉下来，却意外地砸在"领悟"上面，"领悟"立刻被樵夫捉住了。

人们做事一定要学会顺其自然。违背规律去办事，就会步步艰难，而学会顺应规律，就会得心应手，一路坦途。

有个叫做郭橐驼的人，是专门帮人家种树的。他植树的本领特别高强，经由他手栽种的树，全都成活了下来，还长得枝繁叶茂，结的果实也又多又早，他的同行们无论想什么办法总是比不过他。

于是大家就恳求郭橐驼介绍一下他植树的经验，郭橐驼想了想，就回答大伙儿说："其实也没有什么特别的诀窍，我只是随树木自己的生长规律让它发展而已。一般说来呢，移植树木的时候，要注意四个方面：树根要舒展开来；培土要尽量均匀；原土不能去掉，要保存下来；筑土则要紧密。照这样做了以后，就不用再老记挂着它、经常去动它，只管离开就可以了。总而言之，栽培树木时要像照顾婴儿一般精心，栽好以后要置之不理。只有这样，树木的生长规律才不会受到破坏，它的本来习性也可以得到充分的发展。别的种树人，则有两种错误的做法。一种是栽种时不够精心，使树根得不到充分的伸展，原土全被丢弃，换成了生土，培土也不匀，不是多了就是少了，树自然长不好。还有一种正相反，对树爱护得太过分了。种下树以后，早晨去看看，晚上又去摸一下，刚走开又不放心地回头去料理一番，甚至用指甲把树皮掐破来看树是活的还是死的，还用手去摇动树根看土是松了还是紧了。这样弄得树一天比一天虚弱。原本是怀着爱它的心思，其实却是害了它啊，这和对它照顾不周也没多大区别，树也还是长不好。"

请教郭橐驼的人又问他说："依您的看法，种树的道理和当官治民有相通的地方吗？"

郭橐驼说："我只懂得怎么样种树，可不会当官治民。不过我住在乡间，看到老爷们总是喜欢对老百姓发号施令，似乎是很爱惜人民，动不动就派人督促百姓们耕种啦、收割啦、抽丝啦、织布啦，还有养鸡养猪什么的。今天打鼓叫人家集合，明天敲梆子叫人家聚拢，百姓们疲于应付，疲于招待，连吃饭的时间都快没有了，还怎么有精力去搞好生产呢？这样看来，当官治民也确实和栽种树木有很多相类似的地方啊！"

植树经和当官治民的原则共同说明了一个道理，做事要顺其自然，不能违反事物发展的自然规律。

世间一切事物，都有它自身的规律性，不遵循客观规律，不顾一切地按照自己的主观意志去蛮干，必然会失败。

古代宋国有个人，把禾苗种在地里后，就急切地盼望禾苗长大，每天都去地里看，结果发现禾苗长得很慢。心想：用什么办法能让禾苗快点长高呢？于是就自作聪明地把禾苗一棵一棵地拔起一点，心想：这回禾苗该长高了吧！谁知第二天一看：禾苗都枯死了。这就是"拔苗助长"的故事。

事实证明：谁若违背客观规律做事，必定逃不脱失败的命运。

不要生搬硬套成功的做法

以正确的方式方法做事是成功的一个重要前提。方法正确了，做事就可以少走弯路，尽快向目标靠近。所以，做事应该有自己的正确主张和见地。那么，该如何以正确的方式方法做事呢？你不妨读一下下面的几个事例：

拿破仑一生中令人叹服的一大战绩，就是成功地跨越了高峻的阿尔卑斯山，以出奇制胜的方式把奥地利军队打得落花流水，顷刻间土崩瓦解。

当时人们都认为，阿尔卑斯山是"天险"，没有一支军队可以翻越。

但拿破仑心中早拟好了翻越的具体方案，据此对士兵加以训练，因此他率领军队成功地越过了天险。

当位于阿尔卑斯山另一边的奥地利军队，发现数万法军正在逼近首都时，他们甚至以为这支军队是"天降神兵"！当奥军准备调兵迎战时，却为时已晚。

拿破仑善于出奇制胜，赢得了无数次的大小胜利。而导致他最终垮台的原因，却正是因为他曾经赢得了太多的战争。在赢了多次以后人就会自满，并且会用以前的经验来应付新的战争。可是事实证明，经验并不足以应付纷繁复杂的新情况，以经验套用在新形势上则无异于缚住了自己的手脚，等于作茧自缚，自毁前程。

例如，当法军入侵俄国时，俄国大将库图佐夫创造了一个焦土战术。这是拿破仑以前从未碰到过的，所以在俄军面前简直不知所措，无所适从。

每当看到法军，俄军便向后撤，并把所有他们认为可能落入法军手中的房屋和补给品统统烧掉。法军一直在追，俄军一直在退，沿途法军所见的尽是熊熊烈火。

拿破仑率军队追到莫斯科时，发现首都也是一片火海，克里姆林宫居然也被俄军给点燃了。拿破仑感到俄国人简直疯了！不过，他很快发现，法军找不到任何粮食和驻扎的房屋，而从法国运送的补给品也遥遥无期。当时正值冬天，法军饥寒交迫，根本无法立足。

拿破仑此时才发觉形势十分不妙，便匆匆下令撤军。可是为时已晚，俄军反退为进，转守为攻，追击法军。在仓皇撤退的路途中，士气低落的法军又遭到俄军的追击，终于在滑铁卢战败投降。

　　拿破仑所遭受的惨败，完全是盲目照搬自己以前成功经验的缘故。因此可以说，拿破仑不是败在敌军的手上，而是败在他自己的手上，是他成功的经验给他带来了失败的结果。

　　每个人在做事的过程中都有自己的做法，也会从别人那里吸取到经验，对于经验，必须辩证地看待，灵活地运用，这样才不会落入生搬硬套的怪圈。

　　不知道你是否听过这个故事：从前，有个四口之家：丈夫、妻子和两个小孩。丈夫是个商人，他每天到各村去收购糖，回家后，总是把糖装进箩筐或麻袋里，然后运到外地去卖。在集中包装这些糖时，经常掉些糖在地上，而商人却满不在乎。他妻子是个细心、勤俭的人，她见满地的蔗糖心疼极了。每当她丈夫装完糖后，她都要把地上的糖捡起来，装在麻袋里，存放在后面的房间里，不告诉丈夫。

　　第二年，临近年关时，蔗糖短缺，丈夫只好停止买卖。按照当地的惯例，每年年终要结一次总账，一切拖欠的债务都要偿还完毕，绝不能拖到明年。

　　这两年来商人的生意做得很不顺利，特别是缺糖的这一年，他亏蚀了本钱，还欠了人家一些债。数目虽然不多，但也使他伤透脑筋。他整天冥思苦想："到哪儿去筹借这笔钱来还债呢？"后来他对妻子说了这件事，并且感叹道："如果能留下点蔗糖就好了，一定能卖个好价钱，也不至于负债。可现在一点糖也没有，怎么办？"

　　丈夫的艰难处境，使妻子猛然想起平时拣的糖，她想："糖可能不多，但还有些。"她疾步走到后房，清点一下，居然还不少呢，整整有4担之多。妻子满面笑容地将此事告诉丈夫，丈夫到后房一看，真是绝处逢生，面对四大担蔗糖，不禁欣喜若狂。

商人扭亏为盈，全靠细心贤惠的妻子，这消息传遍全村，也传到镇上。

镇上有家卖书报和文具的小店，店主将这件事讲给自己的妻子听。妻子也想博得丈夫的夸奖和感激，她思忖片刻，觉得这很容易。从那天起，她每天趁丈夫不在时将书、报纸、课本、日历等，每样拿一两本藏起来，天天如此。快两年了，她看到藏起来的书报等物已经不少，扬扬得意地叫丈夫到后房去看。丈夫不看倒也算了，一看气得差点昏倒："天呀，你这是在拿我的血汗钱开玩笑！"丈夫仰天哀叹。愚蠢的妻子生搬硬套，报纸、课本、日历过了时，还会有谁要呢？

向别人学习，是要动脑筋的，要灵活地学，千万不能生搬硬套。生搬硬套意味着危险。生搬硬套地学，不如不学。

做事不是越多越好，而是越有效越好

《菜根谭》中说："文章做到极处，无有他奇，只是恰好；人品做到极处，无有他异，只是本然。"有时过于努力或专注于一件事，我们反而会得到相反的效果。正如吃饭，能吃是好事，但吃得太饱了容易撑着，甚至会生胃病。

工作量应该有多少，是不是越多越好？

IMG有一位精力充沛的女业务代表，负责在高尔夫球及网球场上的新人当中，发掘明日之星。美国西海岸有位年轻的网球选手，特别受她赏识，她决定招揽对方加盟本公司。

从此，纵使每天在纽约的办公室要忙上12个小时，她依然不忘时时打电话到加州，询问这个选手受训的情形。网球选手到欧洲比赛时，她也会趁着出差之便，抽空去探望探望，为他打理一切。有好几次，她居然连续一周都未合眼，忙着飞来飞去，追踪这个选手的进步状况，偏偏手边还有一大堆积压已久的报告。

一次那位年轻选手参加法国公开赛。照原定日程，这位女业务代表不须出席这项比赛，但是她说服主管，为了早日让那位年轻选手加盟到IMG，她应该到场。主管勉强应允，但条件是，她得在出发前把一些紧急公务处理完毕。结果她又是几个晚上没合眼。

抵达巴黎当天，在一个为选手、新闻界与特别来宾举行的晚宴上，她依旧盯着那位年轻选手，并且像个称职的女主人，时时为他引见一些要人。当时是瑞典网球名将柏格独领风骚的年代，他刚好是IMG的客户，又是那名年轻选手的偶像，自然地就介绍他们认识，柏格正在房间一角与一些欧洲体育记者闲聊，女代表与年轻选手迎上前去。对方望向这边时，她说："柏格，容我介绍这位……"天哪！她居然忘了自己最得意的这位球员的姓名！

后来，那位年轻选手成了世界名将，但他与IMG再也没有关系。

这位女业务代表的确令人钦佩，如果运气好，碰上一个懂事的小伙子，她的失误也不是什么太大的失误，因为在这种情况下，只要小伙子自我介绍一下就没事了，不计较，同样也没有什么事。但她这样不顾一切地拼命工作，往往关键时候难免出错，则会造成这样那样的难以挽回的局面。

做事和做人一样，必须追求合理有效，方能收到事半功倍的效果。

在一家医院的产房部，很多名男士在等待太太生产，有的紧张，有的焦急，有的兴奋。不久，护士跑出来，对其中一位王先生表示："恭喜！恭喜！您太太给您生了个儿子，母子健康。"王先生回应："我在一个板棒炸鸡店工作，所以生了个儿子。"

不久，护士又出来对一位先生说："赵先生，恭喜！恭喜！您太太给您生了对双胞胎，非常漂亮。"赵先生说："太棒了，我在喜福面包店工作。"接着护士对第三位男士马先生说："恭喜！恭喜！您夫人生了三胞胎。"马先生说："不奇怪，我在三阳机车行工作。"

第四名男士看到这种情形吓得要跑，护士立即追上去问："你为什么要跑？"这名男士说："因为我在百万发工作。"第五个男士也要跑，惶恐地表示："不得了！我在万客隆工作。"生孩子并非越多越好，太多了怕累死，爹娘也养不活。同样的道理，做事情也是如此，贵在求精求好，而不在多。

要把重要的事情放在首位

做事的一个重要原则就是要区别事情的轻重缓急，把重要的事情放在首位。如此看来有必要制订一个时间顺序表。这样你就不会对突然涌来的大量事务手足无措。

美国的卡耐基享有"20 世纪伟大的人生导师"的美誉，他在教授别人期间，有一位公司的老板去拜访他，看到卡耐基干净整洁的办公桌感到很惊讶。他对卡耐基说："卡耐基先生，你没处理的信件放在哪儿呢？"

卡耐基说："我所有的信件都处理完了。"

"那你今天没干的事情又推给谁了呢？"老板紧接着问。

"我所有的事情都处理完了。"卡耐基微笑着回答。看到这位公司老板困惑的神态，卡耐基解释说："原因很简单，我知道我所需要处理的事情很多，但我的精力有限，一次只能处理一件事情，于是我就按照所要处理的事情的重要性，列一个顺序表，然后就一件一件地处理。结果，完了。"说到这儿，卡耐基双手一摊，耸了耸肩膀。

"噢，我明白了，谢谢你，卡耐基先生。"几周以后，这位公司的老板请卡耐基参观其宽敞的办公室，对卡耐基说："卡耐基先生，感谢你教给了我处理事务的方法。过去，在我这宽大的办公室里，我要处理的文件、信件等等，都是堆得和小山一样，一张桌子不够，就用三张桌子。自从用了你说的法子以后，情况好多了。瞧，再也没有没处理完的事情了。"

这位公司的老板，就这样找到了处事的办法，几年以后，成为美国社会成功人士中的佼佼者。我们为了个人事业的发展，也一定要根据事情的轻重缓急，制出一个日程表来。我们可以每天早上制订一个先后表，然后再加上一个进度表，就会更有利于我们向自己的目标前进了。

有效的做事方法是能抓住重点。决定哪些是"首要之事"以后，时刻地把它们放在首位。

E.M.格雷曾写过小品《成功的公分母》。他一生探索所有成功者共享的分母。他发现这个分母不是勤奋的工作、好运气或精明的人际关系，虽然这些都是非常重要的，一个似乎超过所有其他因素的条件是把首要的事放在首位。

成功人士都是以分清主次的办法完成自己的计划。这样的计划条分缕析，不至于出错，因此，为自己做一个优先顺序表是养成"计划行事"好习惯的第一步。

法国哲学家布莱斯·巴斯卡所说："把什么放在第一位，是人们最难懂得的。"在现实生活中，许多人都是这样，对他们来说，这句话不幸而言中，他们做事分不清轻重缓急，抓不住重点。他们以为工作本身就是成绩，但这其实是大谬不然。

实际上，懂得生活的人都明白轻重缓急的道理，他们在处理一年、一个月、一天的事情之前，总是按主次的办法来安排自己的时间：

（1）把重要的事情放在第一时间处理

商业及电脑巨子罗斯·佩罗说："凡是优秀的、值得称道的东西，每时每刻都处在刀刃上，要不断努力才能保持刀刃的锋利。"罗斯认识到，人们确定了事情的重要性之后，不等于事情会自动办好。你或许要花很大的精力才能把这些重要事情做好，要始终把它们放在第一时间处理，你肯定要费很大的劲。下面是有助于你做到这一点的三步计划：

①估量。首先，你要用需要、目标、回报和满足感四原则对将要做的事情作一个估量。

②排除。第二步是去排除你不必要做的事，把要做但不一定要你做的事委托别人去做。

③规划。记下你为达到目标必须做的事，包括完成任务需要多长时间，谁可以帮助你完成任务等。

（2）精心确定主次

在确定每一年或每一天该做什么之前，你必须对自己应该如何利用时间有更全面的安排。要做到这一点，你要问自己四个问题：

①我的目标和责任是什么？我们每一个人来到这个世界上，都是一种巧妙的安排。我们每个人都肩负着一个沉重的责任，按指定的目标前进。可能再过 20 年，我们每个人都有可能成为公司的领导、大企业家、科学家。所以，我们要解决的第一个问题就是，我们要明白自己将来要干什么？只有这样，我们才能持之以恒地朝这个目标不断努力，把一切和自己无关的事情统统抛弃。

②我需要做什么？要分清缓急，还应弄清自己需要做什么。总有些任务是你非做不可的。重要的是你必须分清某个任务是否一定要做，或是否一定要由你去做。

③什么能取得最大的收益？人们应该把时间和精力集中在能给自己带来最高收益的事情上，即他们会比别人干得出色的事情上。在这方面，让我们用巴莱托（80/20）定律来引导自己：人们应该用 80% 的时间做能带来最高收益的事情，而用 20% 的时间做其他事情，这样的计划是最具有战略眼光的。

④什么能给我最大的快乐？人的一生无论做过什么，只要问心无愧，轻松快乐，那么，你的人生已经很完美了。快乐，是所有计划、目

标的出发点。无论地位如何，你总需要把部分时间用于做能带给你满足感和快乐的事情上，这样你会始终保持生活热情。

（3）根据优先法则开始行动

在确定了应该做哪几件事之后，你必须按它们的轻重缓急开始行动。

按优先程度开展工作。以下是几个建议：

①每天开始都有一张优先表。把你的计划罗列出来，选出最重要的排在前面，先去完成它，再安排时间做别的事情。

②把事情按先后顺序写下来，定个进度表。把一天的时间安排好，这对于你成就大事是很关键的。这样你可以每时每刻集中精力处理要做的事。但把一周、一个月、一年的时间安排好，也是同样重要的。这样做给你一个整体方向，使你看到自己的宏图，从而有助于你达到目的。

③计划也要适时改变。当有的计划行不通或出现问题时，马上予以纠正，不要钻牛角尖，改变个别步骤是为了保持计划整体的完整。

你要想很好地按计划行事，就一定要记住——千万不要眉毛胡子一把抓！

饭要一口一口地吃，事要一步一步地做

俗话说："心急吃不了热豆腐。"谁都明白饭要一口一口地吃，任何

人都不能一口吃个胖子。对于做事来说，也是一步一步去做，才能实现目标。

人生中的每一步对于实现成功目标来说都很重要，尤其第一份工作更是具有不可缺少的铺垫作用。就像做事一样，一步一个脚印，才能慢慢向成功靠拢。

就读于某名牌大学新闻系的刘军，在校时就已经有许多篇文章问世，有的文章还在社会上产生了较大的反响。早已享有"才子"称号的他，毕业时与其他几位同学一起被分配到了某报社。

刘军想当然地认为自己一定会被分到"要闻部"，不久就会成为"名记"。可是，当领导公布岗位分配的名单时，他才知道自己被分到了总编办公室。而另有两位没有他出色的同学，则被安排在要闻部当见习记者，这一下，刘军不禁大失所望。

他开始埋怨领导"不识真金"、"有眼无珠"、"安排不当"。实际上，领导这样安排，并非不了解他，而是想让他全面了解报业的运作过程和主要环节，使他了解全局，以便更好地发挥他的作用。领导的本意是想给他提供锻炼、成长的机会，将来加以重用，但刘军却看不到这一点，反而心生怨言，没干多久就辞职了。这无异于自毁前程。

李平大学毕业后，被分配到一家电影制片厂担任助理影片剪辑。这本来是一个人在影视界寻求发展的起点，但在 10 个月后，她却离开了这个岗位，辞职了。

她认为自己这样做的理由很充分：堂堂一个大学毕业生，受过多年的高等教育，却在干一个小学毕业生都能干的事情，把宝贵时光耗费在贴标签、编号、跑腿、保持影片整洁等琐事上面。这怎能不使她感到委屈呢？她有一种上当受骗的感觉，更有一种对不起自己的感觉。

几年后，当李平看到电视上打出的演职员表名单时，竟然发现以前的同事，有的现在已经成为著名的导演，有的已经成为制作人。此时，她的心中颇有点不是滋味。

李平原来并未看到平凡岗位上的不平凡意义，所以她的辞职行动，是自己关闭了在影视界闯出一番事业的大门。

许多实现了人生目标的过来人都说，谁都无法"一步到位"，只能一步一个脚印地走下去，才会达到成功。因此，人不要把眼睛只盯住眼前，而忽视了自己事业的长远规划。

决心获得成功的人都知道，进步是一点一滴不断努力得来的，就像"罗马不是一天造成的"一样。例如，房屋是由一砖一瓦堆砌成的；足球比赛最后的胜利是由一次一次的得分累积而成的；商家的繁荣也是靠着一个一个的顾客逐渐壮大的。所以每一个重大的成就都是一系列的小成就累积而成的。

全世界找到最大的一颗钻石的人，他的名字叫索拉诺。很多人都知道索拉诺，他找到了一颗名为"Libmtor（自由者）"的全世界最大的钻石。可是没有人知道索拉诺在找到这颗钻石以前，他已经找到过100万颗以上的小鹅卵石大小的钻石，最后才找到这一颗全世界最大的钻石。

西华·莱德先生是个著名的作家兼战地记者，他曾在1957年4月的《读者文摘》上撰文表示，他所收到的最好的忠告是"继续走完下一里路"，下面是其中的几段：

在第二次世界大战期间，我跟几个人不得不从一架破损的运输机上跳伞逃生，结果迫降到缅甸、印度交界处的树林里。如果要等救援队前来援救，至少要好几个星期，那时可能就来不及了，只好自己设法逃生。我们唯一能做的就是拖着沉重的步伐往印度走，全程长达 140 里，必须在 8 月的酷热和季风所带来的暴雨的双重侵袭下，翻山越岭长途跋涉。

才走了一个小时，我的一只长筒靴的鞋钉刺到另一只脚上，傍晚时双脚都起泡出血，范围像硬币那般大小。我能一瘸一拐地走完 140 里吗？别人的情况也差不多，甚至更糟糕。他们能不能走呢？我们以为完蛋了，但是又不能不走，好在晚上找个地方休息。我们别无选择，只好硬着头皮走下一里路……

当我推掉原有工作，开始专心写一本 15 万字的大书时，一直定不下心来写作，差点放弃我一直引以为荣的教授尊严，也就是说几乎不想干了。最后不得不记着只去想下一个段落怎么写，而非下一页，当然更不是下一章了。整整 6 个月的时间，除了一段一段不停地写以外，什么事情都没做，结果居然写成了。

几年以前，我接了一件每天写一则广播剧本的差事，到目前为止一共写了 2000 个。如果当时就签一张"写作"2000 个剧本的合同，一定会被这个庞大的数目吓倒，甚至把它推辞掉。好在只是写一个剧本，接着又写一个，就这样日积月累真的写出这么多了。

按部就班做下去是达成任何目标唯一的聪明做法。最好的戒烟方法就是"一小时又一小时"坚持下去，有许多人用这种方法戒烟，成功的比率比别的方法要高。这个方法并不是要求他们下决心永远不抽，只是要他们决心不在下一个小时内抽烟而已。当这个小时结束时，只需把他的决心改在另外一小时内就行了。当抽烟的欲望渐渐减轻时，时间就延长到两小时，又延长到一天，最后终于完全戒除。那些一下子就想戒除的人一定会失败，因为心理上的感觉受不了。一小时的忍耐很容易，可是永远不抽那就难了。

想要达成任何目标都必须按部就班做下去才行。对于那些初级经理人员来讲，不管被安排的工作多么不重要，都应该看成"使自己向前跨一步"的好机会。推销员每促成一笔交易时，就有资格迈向更高的管理职位了。

牧师的每一次布道、教授的每一次演讲、科学家的每一次实验，以及商业主管的每一次开会，都是向前跨一步，更上一层楼的好机会。

有时某些人看似一夜成功，但是如果你仔细看看他们过去的奋斗历史，就知道他们的成功并不是偶然得来的，他们早就投入了无数的心血，打好了坚固的基础。

因此，请千万记住一点：任何事情的发展都需要一个逐步提升的阶段性过程，任何宏伟目标的实现都需要一个逐步积累的时期。

"做"要懂得变通，而不是一条道跑到黑

生活当中有的人做事很有热情，也不缺乏干劲和勇气，他们下了很大的功夫想把一件事做好，可是却怎么都做不好。为什么呢？原因在于

他们做起事来很固执，很有"个性"，只按照自己的想法去做，不肯听取别人的正确意见。结果可想而知了，奉劝大家要灵活掌握做事的方式、方法，直着行不通就想法绕个弯，千万不要"一条道跑到黑"。

曲则全，枉则直，只有拐个弯才能达到目的，并且达到得更快更好，那又何必不做呢？要知"宁向直中取，不向曲中求"可是一个天大的错误。

汉武帝有个奶妈，皇帝自小是由她带大的。历史上皇帝的奶妈经常出问题而且大得很。因为皇帝是她的干儿子，这奶妈的无形权势当然很高，因此，"尝于外犯事"，常常在外面做些犯法的事情；"帝欲申宪"，汉武帝也知道了，准备依法严办。皇帝真发脾气了，就是奶妈也无可奈何，只好求救于东方朔，东方朔在汉武帝面前，可是一个"红人"。

汉武帝与秦始皇不同，至少有两个人他很喜欢，一个是东方朔，经常带给他幽默、滑稽和笑话，把汉武帝弄得啼笑皆非。汉武帝很喜欢他，是因为他说的做的都很有道理。另一个是汲黯，他人品道德好，经常在汉武帝面前顶撞他，使汉武帝下不了台。由此看来，这位皇帝独对这两个人能够容纳重用，虽然官做得并不很大，但非常亲近，对他自己经常有中和的作用。所以，东方朔在汉武帝面前，才有这么大的面子。

奶妈想了半天，皇帝要依法办理，实在不能通融，只好来求东方朔想办法。他听了奶妈的话后，教导奶妈说："而必望济者，将去时，但当屡顾帝，慎勿言此，或可万一冀耳。"你要我真救你，就得照我的话去做，帮得上忙的话，等皇帝下命令把你抓起来时，你什么都别说，你走两步，便回头看看皇帝，走两步，又回头看看皇帝，千万不可说："皇帝！我是你的奶妈，请原谅我吧！"否则，你的头将会落地。"或可万一冀耳！"

或者还有万分之一的希望，可以保全你。

东方朔对奶妈这样吩咐好了，等到汉武帝叫奶妈来问："你在外面做了这许多坏事，太可恶了！"叫左右拉下去法办。奶妈听了，就照着东方朔的吩咐，走一两步，就回头看看皇帝，鼻涕眼泪直流。东方朔站在旁边说："你这个老太婆神经嘛！皇帝已经长大了，还要靠你喂奶吃吗？你就快滚吧！"东方朔这么一讲，汉武帝听了很难过，心想自己自小在她的关心中长大，现在要把她法办，心里也着实难过，又听到东方朔这样一骂，便想算了，免了你这一次的罪吧！以后不可再犯错了。"帝凄然，即敕免罪。"

周朝，春秋时代的齐景公，在齐桓公之后，也是历史上的一位明主。他拥有历史上第一流政治家晏子——晏婴当宰相。当时有一个人得罪了齐景公，齐景公乃大发脾气，抓来绑在殿下，要处以"肢解"的刑罚。晏了听了以后，把袖子一卷，装得很凶的样子，拿起刀来，把那人的头发揪住，一边在鞋底下磨刀，做出一副要亲自动手杀掉此人的样子。然后慢慢地仰起头来，向坐在上面发脾气的景公问道："报告大王，我看了半天，很难下手，好像历史上记载尧、舜、禹、汤、文王等这些明王圣主，在肢解杀人时，没有说明应该先砍哪一部分才对？请问大王，对此人应该先从哪里砍起？"齐景公听了晏子的话，立刻警觉，自己如果要做一个明王圣主，又怎么可以用此残酷的方法杀人呢！所以对晏子说："好了！放掉他，我错了！"这又是"曲则全"的另一章。

晏子当时为什么不跪下来求情说："大王！这个人做的事对君国大计没有关系，只是犯了一点小罪，何必杀他呢！"如果晏子是这样为他求情，那就糟了，可能火上加油，此人非死不可。他为什么抢先拿刀，要亲自充当刽子手的样子？因为怕景公左右有些小人，听到主上要杀人，拿起刀来就砍，这个人就没命了。他身为大臣，抢先一步，拿着刀，揪着头发，表演了半天，然后回头问景公，从前那些圣明君王要杀人，先向哪一个部位下手？我不知道，请主上指教是不是一刀刀地砍？意思就是说，你怎么会是这样的君主，会下这样的命令呢？但他当时不能那么直谏，直话直说，反使景公下不了台阶，弄得更糟。所以他便用上"曲则全"的谏劝艺术了！

在现实生活中，人们做每件事都不可能顺顺利利地完成，总会遇到各种各样的麻烦，这时候，既然前行不能通过，那就不妨绕个弯，可能就会收到不一样的效果。

▶▶ 第八章　用心做：

付出心血才能期望收获成就

　　做事情最忌不用心、不负责，以敷衍了事、得过且过的态度做事，哪怕最简单的事也不可能做好。对于大多数人、大多数工作岗位来说，成就大小往往不在于学历高低，甚至能力大小，而在于是否用心去做。只要肯于付出心血，就能期望收获属于自己的成功。

专注、认真地做好每一件事

　　人们在生活中都有这样的体会：有的人爱好广泛，什么事都想去尝试，结果却是什么事都没做好，其实"多才多艺不如专精一门"，不如把心思放在一件事上专心地把它做好。

"一次只做一件事"，就意味着集中目标，不轻易被其他诱惑所动摇，经常改换目标，见异思迁或是四面出击，往往不会有好结果。我们的业务范围不会扩大，我们要做的工作只是精益求精，把产品做成精品。

他从小文科成绩都是红字连篇。他的读写速度很慢，英文课需要阅读经典名著时，只能从漫画版本下手。他常常说："我的脑袋里有想法，但是却没有办法将它写出来。"后来医生诊断他患有识字障碍。之后他凭借优异的数理成绩，进入美国名校斯坦福大学就读。他发现商业课程对他而言比较容易，于是选择经济为主修，在英文及法文仍然不及格的同时，全力投注于商学领域，获得 MBA 学位。毕业时，他向叔叔借了10 万美元，开始自己的事业。1974 年，他于旧金山创立的公司，如今已名列世界五百强企业，拥有 2.6 万多名员工。

他就是施瓦布，嘉信理财（ChadcsSehw）的董事长兼 CEO（首席执行官）。现在，施瓦布的读写能力仍然不佳，当他阅读时必须念出来，有时候一本书要看六七次才能理解，写字时也必须以口述的方式，借助电脑软件完成。

一个先天学习能力不足的人，何以能成就一番事业？施瓦布的答案是：由于学习上的障碍，让他比别人更懂得专注和用功。

"我不会同时想着 18 个不同的点子，我只投注于某些领域，并且用心钻研。"他说。

这种做事认真的专注态度，也展现于嘉信 27 年的历史中。当其他金融服务公司将顾客锁定于富裕的投资者时，嘉信推出平价服务，专心耕耘一般投资大众的市场，终于开花结果。之后随着科技的进步及顾客的成长，嘉信于每个时期都有专心投注的目标，许多阶段的努力成果，成为业界模仿的对象，在金融业立下一个个里程碑。

"一次只做一件事"，意味着一个人在某一段时间里只能把精力集中于一件事情，把一件事做到底，纵观失败的案例，大约有50％的情况是由于半途而废，未能坚持下去所致。

一个人的精力是有限的，把精力分散在好几件事情上，不是明智的选择，而是不切实际的考虑。在这里，我们提出"一件事原则"，即专心地做好一件事，就能有所收益，能突破人生困境。这样做的好处是不至于因为一下想做太多的事，反而一件事都做不好，结果两手空空。

想成大事者不能把精力同时集中于几件事上，只能关注其中之一。也就是说，人们不能因为从事分外工作而分散了自己的精力。

如果大多数人集中精力专注于一项工作，他们都能把这项工作做得很好。

在对100多位在其本行业获得杰出成就的男女人士的商业哲学观点进行分析之后，有人发现了这个事实：他们每个人都具有专心致志和明确果断的优点。

最成功的商人都是能够迅速而果断作出决定的人，他们总是首先确定一个明确的目标，并集中精力，专心致志地朝这个目标努力。

伍尔沃斯的目标是要在全国各地设立一连串的"廉价连锁商店"，于是他把全部精力花在这件工作上，最后终于完成了此项目标，而这项目标也使他成了成大事者。

林肯专心致力于解放黑奴，并因此使自己成为美国最伟大的总统。

李斯特在听过一次演说后，内心充满了成为一名伟大律师的欲望，他把一切心力专注于这项目标，结果成为美国最有成就的律师之一。

伊斯特曼致力于生产柯达相机，这使他赚取了数不清的金钱，也给全球数百万人带来无比的乐趣。

海伦·凯勒专注于学习说话，因此，尽管她又聋、又哑，而且还瞎，但她还是实现了她的明确目标。

可以看出，所有成大事的人物，都把某种明确而特殊的目标当做他们努力的主要推动力。

专心就是把意识集中在某一个特定欲望上的行为，并要一直集中到找出实现这项欲望的方法，并将之付诸实际行动。

对于任何东西，你都可以渴望得到，而且只要你的需求合乎理性，并且十分强烈，那么"专心"这种力量将会帮助你得到它。

假设你准备成为一个成大事的作家，或是一位杰出的演说家，或是一位成大事的商界主管，或是一位能力高超的金融家，那么你最好在每天就寝前及起床后，花上 10 分钟，把你的思想集中在这项愿望上，以决定应该如何进行，才有可能把它变成事实。

当你要专心致志地集中你的思想时，就应该把你的眼光望向一年、三年、五年甚至十年后，幻想你自己是这个时代最有力量的演说家；假设你拥有相当不错的收入；假想你利用演说的金钱报酬购买了自己的房子；幻想你在银行里有一笔数目可观的存款，准备将来退休养老之用；想象自己是位极有影响的人物；假想你自己正从事一项永远不用害怕失去地位的工作……唯有专注于这些想象，才有可能付出努力，美梦成真。

一次只专心地做一件事，全身心地投入并积极地希望它成功，这样你的心里就不会感到精疲力尽。不要让你的思维转到别的事情、别的需要或别的想法上去。专心于你已经决定去做的那个重要项目，放弃其他所有的事。

了解你在每次任务中所需担负的责任，了解你的极限。如果你把自己弄得精疲力尽和失去控制，那你就是在浪费你的效率、健康和快乐。选择最重要的事先做，把其他的事放在一边。做得少一点，做得好一点，才能在工作中得到更多的快乐。

成功者之所以能成功，其中最重要的诀窍之一就是一次只做一件事，把一件事做到底。

只要用心就没有克服不了的坏习惯

每个人都有各种各样的习惯，习惯也在每时每刻影响我们的生活，好习惯是成功的助推器，而坏习惯则会阻碍你走向成功，因此，我们一定要以十足的用心告别坏习惯，重新定位自己的生活。

有句古老的谚语：我们都是习惯的产物。

的确，我们谁不是遵从着某种习惯来生活的呢？

但是，有两种习惯养不得：一种是什么习惯都不养成的习惯，一种是妨害他人的习惯。前一种是指好习惯，后一种是指坏习惯。

有的人习惯"黎明即起，洒扫庭院"；而有的人则习惯睡懒觉。有的人滴酒不沾；有的人则每天都要喝几杯。有的人十分注意自己的衣着整洁；有的人则大大咧咧，不修边幅。有的人对人说话谦恭有礼；有的人则高声大嗓，唯恐别人听不见他说话。有的人节俭；有的人铺张。有的人多话；有的人寡言……

坏习惯，明人吕坤称之为"惯病"。他说，"惯病"是很难戒的，如果能真正在戒除它们上下功夫，那就像是扎针治病找准了穴位，挠痒痒找对了地方。

戒除惯病是很难的。古代有一个老板，特别容易发怒。他下决心要改掉这毛病，便在案头上放了一块木牌，上面写着"制怒"。这天属下来汇报事情，他听着听着又发怒了，拿起牌子便扔向了属下。

吕坤说，要戒除"惯病"，就要"着力"，事情的确如此。不以坚强的意志来强迫自己改正，坏习惯是很难改掉的。

甘地被称为圣雄。一次，一位母亲带着自己的孩子来见甘地，说自己的孩子特别爱吃糖，她想让孩子改掉这习惯，但怎么说孩子也改不掉，请甘地来劝劝孩子。甘地听了，沉默了一会儿，然后对那母亲说："一个星期后你再带孩子来。"过了一个星期，那母子俩如约来到。甘地对孩子说了一番话，孩子回去后便改掉了自己的坏习惯。原来，甘地也有爱吃糖的习惯。多年形成的习惯不是轻易能改变的，即使是"圣雄"甘地也要花一个星期才能改掉自己的"惯病"。

张学良将军年轻时染上了吸鸦片的习惯，他决意戒除，便把自己关在一间屋子里，吩咐家人和手下无论听到屋里有什么动静，都不许进来。他的烟瘾犯了，十分痛苦，用头撞床，大声叫唤。屋外的人听见了，怕他出意外，但谁也不敢进去。这样折腾了一天，屋里没动静了。家人进去看时，张学良静静地在床上睡着了。经过这样的几次折腾，张学良终于戒除了鸦片瘾。

戒除坏习惯还有一难，就是"习惯成自然"后，你要改变它，可能一时奏效，但过段时间它可能又会发作。拿戒烟来说，许多烟民都多次戒了又多次"破戒"。马克·吐温曾幽默地说："戒烟有什么难？我已经戒过一千次了。"因此，戒除坏习惯，要有打持久战的毅力。《韩非子》中讲，西门豹性格急躁，他为了改掉这毛病，就在身上佩带了一条皮带。皮子柔而韧，西门豹借此常提醒自己不要急躁。还有一个叫董安于的，是个慢性子，为了改掉这毛病，他就常佩带一根弓弦。弓弦紧而直，能提醒他办事不拖沓。这就是"韦弦"这个典故的来历。

坏习惯真的改不掉吗？美国已故的邓勒普博士花了很多年来研究习惯问题，并协助很多人改掉了咬指甲及吮大拇指的坏习惯。北京有一个年轻的出租车司机，经过努力，戒掉了毒瘾，他还把自己的体会写成了书。

马尔登说："你可以改变你的习惯，当然不像滚动木头那样简单，但是你可以办得到，只要你真心希望这样做。"他提出了五条建议：

（1）首先相信你可以改变你的习惯。对你自我控制的能力要有信心，如此才能为你的基本个性带来积极的改变。

（2）彻底了解这些坏习惯对你身体所造成的不良影响，使你愿意去承受暂时的损失甚至痛苦而培养出要求改变的强烈愿望。面对这些可怕的事实：体重过重会使你的重要器官不堪负荷；酒精会破坏你的身体组织；过度工作这也是一种不好的习惯，可能会使你的死期提早来临等等。

（3）找出某种令你感到满意的事物，用来暂时安慰自己。因为你在戒除一项长期的习惯之后，必会经历一段痛苦的时期，这时就要找些事物来安慰你。像摄影、园艺或弹钢琴这些嗜好，可能会协助你成功戒除坏习惯。

（4）发掘将你逼到这种情况的基本问题。你的挫折究竟是什么？你是否低估了自己的价值？为何对自己如此敌视？（这是针对那些因挫折或失败而有了酗酒、多食、吸毒等坏习惯的情况而言的。）

（5）认真处理这些问题，调整你的思想，接受你的失败，重新发掘你的胜利。引导你自己迈向积极的习惯，这将使你的生活获益。为你自己制定新的目标。在积极的活动中获得成功的感觉，这将发挥你的能力与热诚。

在我们的一生之中，脑部神经随时都在驱使我们做出相关的动作。这种动作在相同环境下的不断重复，使我们不自觉地产生了习惯。

习惯并不意味着僵化，它也可能意味着活力，更意味着秩序和节约。反射作用是自然而然的节省法，为脑神经提供了休息的机会，毕竟还有更重要的工作等着它去做。

要养成习惯，如果不用科学的方法，而仅凭一时的意志，那只会使你感觉到累而生厌。

习惯性的生活会使你感到有充沛的精力和良好的生活空间。习惯成自然，自然成人生。在你的生活习惯中，你会使自己的性格、兴趣、爱好、理想都得到体现。每个人的习惯当然是不相同的，因为我们有自己的生活方式。

你如果要把一种行为养成自己的习惯，而这种行为对你又是如此的陌生，那么请你记住："多做几次就好！"习惯的养成，只是动作的积累，脑神经指令的重复。这种行为你做得越多，脑神经所受的刺激和记忆就越深，你的反应也会更加熟练，习惯便是属于你的了。

不过，习惯也会成为你生活中的负面东西。生活方式的不同，自然要求有不同的生活习惯与之相适应。倘若两者发生了深刻的矛盾，我们便说这种习惯是一种坏习惯，是与我们的习惯原旨相违背的。在这个时候，我们需要把它摒弃，用另外一种更健康、更有序、更有效的习惯来取而代之。

有一位农民叫史蒂芬，长期以来养成了抽烟的习惯，最终他为此受到了惩罚。有段时期，史蒂芬抽烟抽得很凶。一次他在度假中开车经过法国，而那天正好下大雨，于是他只得在一个小城里的旅馆过夜。当史蒂芬凌晨两点钟醒来时，想抽支烟，但他发现烟盒是空的，于是他开始到处搜寻，结果毫无所获。这时，他很想抽烟。然而，如果出去购买香烟很远。因为此时旅馆的酒吧和餐厅早已关门了。他抽烟的欲望越来越大，几乎不能控制自己，最终他决定出去买烟。然而，当他经过路口时，一辆汽车疾驶而过，而此时他已被烟瘾折磨得神志不清，于是被汽车撞倒了，还好没有受到很大的伤害。

事后，史蒂芬承认，这一切都是抽烟造成的，如果不是长期养成抽烟的坏习惯，也许他不会得到这样的结果。有时候一个坏的习惯一旦定型，它所产生的后果是难以想象的，尤其是习惯这种力量往往是巨大而无形的，当你感觉到它的坏处时，很可能想抵制已经来不及了。

相比之下，一个好的习惯却可以产生巨大的力量，如果你反复地重复着一件有益的事情，渐渐的，你就会喜欢去做，这样一来，所有的困难都显得微不足道了。因为，习惯的力量可以冲破困难的阻挠，帮助你走上成功的道路。

比尔·盖茨先生认为，是四种良好的习惯——守时、精确、坚定和迅捷——造就了成功的人生。没有守时的习惯，你就会浪费时间、空耗生命；没有精确的习惯，你就会损害自己的信誉；没有坚定的习惯，你就无法把事情坚持到成功的那一天；而没有迅捷的习惯，原本可以帮助你赢得成功的良机，就会与你擦肩而过，而且可能永不再来。

亚伯拉罕·林肯就是通过勤奋的训练才练成了他简洁、明了、有力的演讲风格。温德尔·菲里普斯也是通过艰苦的练习才练就了他那出色的思考能力和杰出的交谈能力。

常言道："播种一种行为，就会收获一种习惯，播种一种习惯，就会收获一种性格。"

好的习惯主要依赖于人的自我约束，或者说是依靠人对自我欲望的否定。然而，坏的习惯却像芦苇和杂草一样，随时随地都能生长，同时它也阻碍了美德之花的成长，使一片美丽的园地变成了杂草丛。那些恶劣的习惯一朝播种，往往10年都难以清除。

当人到了25岁或30岁的时候，我们就很难发现他们会再有什么变化，除非他现在的生活与少年时相比有了巨大的改变。但令人欣慰的是，当一个人年轻的时候，尽管养成一种坏习惯很容易，但要养成一种好习惯几乎同样容易；而且，就像恶习会在邪恶的行为中变得严重一样，良好的习惯也会在良好的行为中得到巩固与发展。

习惯的力量是一种使所有生物和所有事物都臣服在环境影响之下的法则。这个法则可能会对你有利，也可能对你不利，结果如何全看你的选择而定。

当你运用这一法则时，连同积极心态一起应用，所产生的力量是巨大的，而这就是你思考、致富或实现任何你所希望的事情的根本驱动。

　　也许你并没有很好的天赋，但是，一旦你有了好的习惯，它一定会给你带来巨大的收益，而且可能超出你的想象。

人生价值就在于对平凡工作的尽职尽责当中

　　工作没有高低贵贱之分，任何正当合法的工作都是值得尊敬的。因此千万不要看不起自己的工作，只要你诚实、用心地工作，就没有人能贬低你的价值。

　　认真负责地工作，全身心地投入其中，这才是成功人生的真实写照。工作松松垮垮的人，不论在什么领域内，从未取得过真正的成功。如果把工作仅仅当做赚钱的工具，这种看法也是让人蔑视的。在人的身上有一种神性，在舒适的伊甸园里是培养不出这种神性的。人被赶出伊甸园，这看似灾难，实际上是件无比幸运的事，这就迫使人类只有通过自己的辛勤劳动，才能去换取生存所需的面包。上帝向我们揭示了这样一个真理：只有经历艰难困苦，才能取得世界上最大的幸福，才能取得最大的成就；只有经历过奋斗，才能取得成功。懂得这一点具有重大的意义。"我们正因为缺少某种东西，才有追求它的强大动力。"

　　蒙格尔说："只有具备明确而坚定的目标，才能走向成功。只有具备这样的目标，才能锻造人的品格，提高人的修养；只有具备坚定的立场，才能取得成就。"

如果一小块画布上画着《蒙娜丽莎》这样一幅名作，它就会成为无价之宝，但如果是别的艺术家的作品却只值 1 美元，其中的原因何在？这是因为达·芬奇在画布上投入了全部的心力和劳动，而别的画家却只投入了 1 美元的劳动。

铁匠将价值 2 美元的铁块加工成马蹄铁，结果得到价值 10 美元的产品。刀剪匠将同样多的铁块制成刀具，得到 200 美元。机械工人将同样分量的铁块制成针，得到 6800 美元。钟表匠将它制成钟表的主发条，得到 20 万美元。而将它制成牙医用的细丝，可以得到 200 万美元，其价值是同样重量黄金价值的 60 倍。

就我们的人生而言，情况也是一样的。我们天生就具有某种潜能，我们总得利用它来做些什么。如果懒懒散散，只会给我们带来巨大的不幸。有些年轻人用它来创造美好的事物，为社会作出了贡献。另外有些人没有生活目标，缩手缩脚，浪费了天生的资质。到了晚年，才意识到自己的错误。本来可以创造辉煌的人生，结果却失之交臂，这不能说不是巨大的遗憾和错误。一个农夫，他有可能成为辛辛纳图斯之类的人物，也可能成为华盛顿之类的人物，也可能终日面对黄土背朝天，一直到老。

在卢浮宫里收藏着莫奈的一幅画，画的是女修道院厨房内的情景。画面上正在工作的不是普通的人，而是天使。一个正在架水壶烧水，一个正优雅地提起水桶，另外一个穿着厨衣，伸手去拿盘子。即使是日常生活中最平凡的事，也值得天使们全神贯注地去做。行为本身并不能说明自身的性质，而是取决于我们行动时的精神状态。如果一种工作看起来显得单调乏味，那不过是我们在做它的时候心境如此罢了。

你在工作中所抱的态度，使你的工作与周围人的工作区别开来。你的人生目标贯穿了你的整个生命。随着日出日落，它们或者使你的思想更开阔，或者使其更狭窄，这样的话，你的工作要么变得更加高尚，要么变得更加低俗。

如果你是砖石工或泥瓦匠，你可曾在砖块和砂浆之中看出诗意？难道你只知道贪杯饮酒吗？如果你是图书管理员，经过辛勤劳动，在整理好的书卷的缝隙，你是否感觉到自己已经取得了一些进步？如果你是学校的老师，是否对按部就班的教学生活感到厌倦？今天你见到一个学生，你是那样富有耐心——今后你就要更有耐心，巧妙地引导他们。

如果只从外人的眼光来看待我们的工作，或者仅用物质利益或世俗的标准来衡量我们的工作，它或许是毫无生机、枯燥乏味的，好像没有任何意义，没有任何吸引力或价值可言。这就好比我们从外面观察教堂的窗户，大教堂的窗户布满了灰尘，非常灰暗。一切的光华都已逝去，只剩下单调、灰暗和破败的感觉。但我们一旦走进门槛，走进教堂内部，我们便可以马上看见绚烂的色彩、清晰的线条，窗花格也显现在人们的眼前。阳光穿过窗户在奔腾跳跃，形成了一幅美不胜收的图画。这个例子说明了人们观察活动的特点，说明了人们的观察方式是有局限的。我们必须从内部去观察事物，才能看到事物真正的本质。有些职业如果只从表象来看，它是索然无味的，我们必须深入其中，才可能感到意兴盎然。

只有正确地看待你的工作，你才能做到尽职尽责；也只有一丝不苟，认真负责地对待工作，你才能实现你的个人价值，获得荣耀和肯定。

守责敬业是成功的基本条件

每个人都希望在职业生涯中取得成功，而要做到这一点，你就必须具有忠于职守、尽职尽责、一丝不苟、善始善终等职业道德。

任何一家想竞争取胜的公司都必须设法使每个员工对工作负责。没有负责精神的员工就无法给顾客提供高质量的服务，就难以生产出高质量的产品。推而广之，一个国家如果想立于世界之林，也必须使其人民负有高度责任感；警察应该尽职尽责为民众服务；行政官员应该勤奋思考并制订和执行政策；议员代表应该勤于问政……只有每个人都尽心尽责，才能被称为和谐的社会。

然而，无论我们从事什么行业，无论到什么地方，总是能发现许多投机取巧、逃避责任、寻找借口的人，他们不仅缺乏一种神圣使命感，而且缺乏对人生意义的理解。

对工作高度负责的态度，表面上看起来是有益于公司，有益于老板，但最终的受益者却是自己。

当我们将负责变成一种习惯时，就能从中学到更多的知识，积累更多的经验，就能在全身心投入工作的过程中找到快乐。这种习惯或许不会有立竿见影的效果，但可以肯定的是，当"不负责"成为一种习惯时，其结果可想而知。工作上投机取巧也许只给你的老板带来一点点的经济损失，但是却可以毁掉你的一生。

比如说一个年轻人颇有才华，但缺乏负责精神。一次报社急着要发稿，他却搂着稿件回家睡大觉去了，影响整个报纸的出报时间。这种人永远得不到尊重和提升。人们往往会尊敬那些能力中等但尽职尽责的人，而不会尊敬一个能力一等，但不负责任的人。

受人尊重是每个人的内心需要。不论你的工资有多少，不论你的老板是否器重你，忠于职守且毫不吝惜地投入自己的精力和热情，足可以让自己安心让别人尊重。以主人和胜利者的心态去对待工作，工作自然而然就能做得更好。

一个对工作不负责任的人，往往是一个缺乏自信的人，散漫怠惰的人，也是一个无法体会快乐真谛的人。要知道，当你将责任推给他人时，实际上也是将自己的快乐和信心转移给了他人。

有人问一位成功学家："你觉得大学教育对于年轻人的将来是必要的吗？"

这位成功学家的回答发人深省："单单对经商而言不是必需的。商业更需要的是高度负责精神。事实上，对于许多年轻人来说，大学教育意味着在他们应当培养全力以赴的工作精神时，被父母送进了校园。进了大学就意味着开始了他一生中最惬意最快活的时光。当他走出校园时，年轻人正值生命的黄金时期，但此时此刻他们往往很难将自己的身心集中到工作上，结果眼睁睁地看着成功机会从身边溜走，真是很可惜啊。"

也许对于一个对工作还不是太熟悉的人而言，高度负责仍然不能将工作做到位，但坚持下去就不会再有任何困难。如果没有这种高度负责精神，那么，困难就永远都会是困难。工作不怕你不会做，而怕你不负责地去做。

三忌　只加不减：

尽量放弃影响生存状态的负担

◆————————————————————

放弃是一种大智慧。为自己算账，人们都喜欢用加法：职位的提高、财富的增加、经验与知识的积累等等，因为汲取和获得更容易让人有满足感。但是人生也需要——在特定的时候甚至更需要减法，掂量一下肩头、心头的分量，你是否觉得太沉重？那么，何不来个大扫除，为自己清仓，放弃不必要的拖累？

▶▶ 第九章　放弃旧自我：

放弃自己才能超越自己

　　一个人在成长的过程中，会慢慢形成一种认知自我、认知他人，处理问题的模式，这种模式一旦固化下来，便成为一个相对稳定的自我形象。但是，这一形象当中如果存在一些影响个人发展的东西，就应该下决心放弃这个"旧我"，重生中实现对自己的超越。

多作几次换位思考

　　如果非要给"换位思考"找理由的话，我们说它让你懂得理解，让你懂得自己不理解的东西也有与你一样存在的理由。

你不是一条响尾蛇，唯一的解释是：你的父母不是响尾蛇。你不与牛接吻，认蛇为神圣，唯一的解释是：因为你没有生在勃兰马拨拉河岸一个印度家庭中。

拿破仑·希尔指出：要试着去了解别人，从他的观点来看事情，就能创造生活奇迹，使你得到友谊，减少合作中的摩擦和困难。

也许别人完全是错的，但他自己并不这么认为。所以，不要责备他。试着去了解他，只有聪明、容忍、特别的人才会这么做。

别人会这样做，一定有他的原因。查出那个隐藏的原因，你就等于拥有解答他的行为这把也许是他的个性的钥匙。

尝试着站到他人的立场上。如果你对自己说："如果我处在他的位置，我会有什么感觉，有什么反应？"那你就会省去不少时间及苦恼。因为"若对原因发生兴趣，我们就不太会对结果不喜欢"。而且，除此之外，你将可大大增加你在做人处世上的技巧。

肯尼斯·古地在他的著作《如何使人们变为黄金》中说："暂停一分钟，把你对自己的事情的深度兴趣跟你对其他事情的漠不关心互相作个比较。那么，你就会明白，其他人也正是抱着这种态度！于是，跟林肯及罗斯福等人一样，你已经掌握了从事任何工作的唯一坚固基础——除了看守监狱的工作之外；也就是说，与人相处能否成功，全看你能不能以同情的心理，接受别人的特点。"

纽约州汉普斯特市的山姆·道格拉斯，过去经常说他太太花了太多的时间在整修他们家的草地。他批评她，说一个星期她这样做两次，而草地看起来并不比 4 年前他们搬来的时候更好看。他的话激怒了他的太太，那天晚上的和睦气氛遭到了破坏。

　　在明白了合作可以产生巨大的力量后，道格拉斯先生体会到他过去几天来真是太愚蠢了。他从来没有想到她整修草地的时候自有她的乐趣，以及她可能渴望别人因她的勤劳而夸赞她几句。

　　有一天，在吃过晚饭后，他太太要去除草，并且想要他陪她一起去。他先是拒绝了，但稍后他又想了一下，便跟她出去，帮她除草。她显然极为高兴，两个人一同辛勤地工作了一个小时，同时也愉快地谈了一个小时的话。

　　从那天起，他常常帮太太整理草地花圃，并且赞扬她，说她把草地花圃整理得很好看，把院子中的泥土弄得好像水泥地一样平坦。结果是：两个人都更加快乐。因为他学会了从她的观点来看事情——即使所看的事物是杂草也一样。

　　在《打开别人的心》一书中，吉拉德·黎仁柏评论说："在你表现出你认为别人的观念和感觉与你自己的观念和感觉一样重要的时候，谈话才会有融洽的气氛。在开始谈话的时候，要让对方提出谈话的目的或方向。如果你是听者，你要以你所要听到的是什么来管制你所说的话；如果对方是听者，你接受他的观念，将会鼓励他打开心扉来接受你的观念。"

　　卡耐基常在一个离他家很近的公园内散步和骑马。当卡耐基看到那些嫩树和灌木，一季又一季地被一些无意引起的大火烧毁时，觉得十分伤心。那些火灾并不是疏忽的吸烟者所引起的，它们几乎全是由那些到公园内去享受野外生活、在树下煮蛋或吃热狗的小孩子们所引起的。有时火势凶猛到只有消防队才能扑灭。

　　公园里的一块警示牌上说："任何人在公园内生火，必将受罚或被拘留。"由于警示牌立在比较偏僻的角落里，很少会有人看到。而公园内的那个骑警也不负责，使火灾继续蔓延。

有一次，卡耐基告诉这个警察一场大火已迅速在公园里蔓延，希望他尽快通知消防队。但警察漠不关心，还说这不关他的事——因为这不是他的管区！卡耐基很失望，所以后来到公园里去骑马的时候，他的行为就像一位自封的管理员，试图保护公家土地。

刚开始的时候，他没有试着去了解孩子们的看法。卡耐基一看到树上有火，心里就很不痛快。他总是骑马来到那些小孩子面前，警告说：他们可能会因为在公园内生火，而被关进监牢去。卡耐基以权威的口气命令他们把火扑灭。如果他们拒绝，他就威胁要把他们逮捕起来。他只是尽情地发泄自己的不满，根本没有想到孩子们的看法。

结果是那些孩子心不甘情不愿地服从。等卡耐基骑马绕过山丘之后，他们就又把火点燃了，并且极想把整个公园烧光。

随着年岁的增长，卡耐基对做人处世有了更深一层的认识，更懂得从别人的观点来看事情。他不再下命令，而是骑马来到那堆火面前，说出大约像下面的这一段话：

"玩得痛快吗？孩子们。你们晚餐想煮些什么？……我小时候自己也很喜欢生火，而且现在依然喜欢。但你们应该知道，在这公园内生火是十分危险的。我知道你们这几位会很小心，但其他人可就不这么小心了。他们来了，看到你们生起了一堆火；因此他们也生了火，而后来回家时却又不把火弄灭，结果火烧到枯叶，蔓延起来，把树木都烧死了。如果我们不多加小心，以后我们这儿连一棵树都没有了。你们生起这堆火，就会被关入监牢内。但我不想太啰唆，扫了你们的兴。我很高兴看到你们玩得十分痛快，但能不能请你们现在立刻把火堆旁边的枯叶子全部拨开？而在你们离开之前，用泥土，很多的泥土，把火堆掩盖起来。你们愿不愿意呢？下一次，如果你们还想玩火，能不能麻烦你们改到山丘的那一头，就在沙坑里生火？在那儿生火，就不会造成任何损害……真谢谢你们，孩子们。祝你们玩得痛快。"

当他说完这番话，小孩子个个非常愿意与他合作。他们并没有被强迫接受命令。他们保住了面子，会觉得舒服一点。卡耐基也会觉得舒服一点，因为他先考虑到他们的看法，再来处理事情。

在个人问题变得极为严重的时候，从别人的观点来看事情也可以减缓紧张。

澳洲南威尔士的伊丽莎白·诺瓦克曾讲："我过了6个星期没有支付买汽车的分期付款。负责我买车子分期付款账户的一名男子来电话，不客气地告诉我说，如果在星期一早晨我还没有付出122块钱的话，他们公司会采取进一步行动。周末我没有办法筹到钱，因此在星期一一大早接到他的电话的时候，我听到的就没有什么好话了。但是我并没有发脾气，以他的观点来看这件事情。我真诚地抱歉给他带来了很多的麻烦，而且，由于这并不是我第一次过期未付款。我说我一定是令他最头痛的顾客，他说话的语气立刻改变了，并且说我根本不是令他最头疼的顾客。他还举出好几个例子，说明好些顾客有时候极为不讲理，有的时候满口谎言，更常有的是躲避他，根本不跟他见面。我一句话不说，让他吐出心里的不快。然后根本不需要我请求，他说就算我不能立刻付出所欠的款额也没有关系。他说如果我在月底先付给他20元，然后在我方便的时候再把剩下的欠款付给他，一切没有问题。"

不论你有什么样的请求或要做什么，请你试着从别人的观点仔细想一想整件事。问问你自己："为什么他会这么做？"这样，也许会花费你很多时间，但这能使你结交到朋友，得到更好的结果：减少摩擦和困难。

超越褊狭心理

对那种不能容忍、脾性褊狭的心理，最好的修正方法是增加智慧和丰富生活经验。拥有良好的修养往往使你摆脱那些无谓的纠缠。那些不能容人、脾性褊狭的人很容易卷入到这些无谓的纠缠中。那些具有宽厚性格的人其性格的宽厚程度与其实际智慧成正比，他们总是能考虑别人的缺点和不利条件而原谅他们——考虑别人在性格形成过程中环境因素的控制力量，考虑别人不能抵制诱惑而犯错的情形。

如果我们不能原谅和容忍别人，不能宽厚待人，人们也会以同样的态度对待我们。

在南美的一个小村里，那儿的大脖子病（甲状腺肿）是如此普遍，以致该村的人以为没有这种病的人就是畸形人或丑八怪。一天，一群英国人经过那儿，村庄里的许多人都嘲笑他们，并狂呼乱叫："看，看这些人他们没有大脖子（病）！"

大学问家法拉第曾和他的朋友廷德尔教授在信中交流他的心得体会，下面便是他令人钦佩的建议，这些建议充满了智慧，也是他丰富人生经验的总结。法拉第说:"请允许我这位老人,这时,我应该说从人生经历中获益匪浅,谈谈我的心灵感悟。年轻时,我发现我经常误会了别人的意思,很多时候,人们所表达的意思并非我想当然的那种意思。而且,更重要的是,通常对那种话中带刺的话装聋作哑要比寻根究底好,相反,对那种亲切友好的话语仔细品味要比权当耳边风要好。真相终归会大白于天下。那些反对派,如果他们本身错误的话,用克制答复他们远比以势压人更容易使他们信服。我想要说的是,对党派偏见视而不见更好,对好心好意则应该目光敏锐。一个人如果努力与人和睦相处,那他一生中就会获得更多的幸福。你肯定不能想象出,我遭人反对时,我私下也经常恼怒不已,因为我不能正确地思考,因为我总是目空一切;但是,我一直努力,我也希望能成功地克制自己与别人针尖对麦芒地针锋相对,我也知道我从未为此受到过什么损失。"

日本战国时代,上山千信和武田信玄是死对头,他们在川岛会战之后,又打了好几次激烈的仗。有一天,一向供应食盐给信玄的今川氏和北条氏两个部落,都和信玄起了冲突,因此中止了食盐的供应。而信玄的属地申州和信州又都是离海很远的内陆,不生产食盐,因此使这两州的人民都陷入了无盐的困境。

千信听到这个消息后,马上写信给信玄说:"现在今川氏和北条氏都中止了食盐的供应,使你陷入困境,我不愿趁火打劫,因为那是武将最卑鄙的做法。我还是希望在战场上和你分个胜败,所以食盐的问题,我来帮你解决。"而千信也果然遵守诺言,请人运送大批的食盐到申州和信州,替信玄解决了问题。所以信玄以及两州的人民都很感激千信。

千信是当时最剽悍善战的武将,每次战争都可以说是惊天动地,并且他又非常讲义气。从这个故事中我们可以知道，千信实在是一位具有深厚同情心的人。也正因他的武功高强，为人光明磊落，重义气而富同情心，所以很受后人的敬仰。

常人的心理都会为敌人陷入困境而幸灾乐祸，同时也会觉得，可利用这种难得的机会打败敌人。可是千信并不这么想，虽然他和信玄是死对头，又不断交战，但目的只是在争个高低，而不是要陷百姓于困境。所以千信认为，虽然两国正在战争之中，但面对敌人因为没有食盐而陷入困境时，理应先设法拯救，至于争夺胜负，那是战场上的事。千信有这种气度，正是他伟大的地方。

在这世界上，竞争是免不了的，对立有时也是必要的。但是，过于褊狭的心理会让我们自动与快乐为仇。

在痛苦中超越自己

人的一生中，不如意的事要比如意的事多得多，假如事事尽如人意，那就是一种美丽的传说了。

噩梦的发生也都是在不知不觉中。失业、破产、离婚、车祸、得了绝症、亲人过世……只要活着一天，这些痛苦总是一样接着一样，在我们身边来来去去。

一个人的平静生活突然被掀起波澜，痛苦足以消耗他的心智，磨损他的意志，甚至会让他对善良的道德都产生怀疑。他咒骂着："我这么努力干吗？所有的事都不合理，都不公平，为什么老天要这样对我！"他几乎相信，已经没有什么值得努力的目标，根本找不到任何活下去的意义了。

当你在人生的赌局中，手握着由命运发下来的坏牌，你会紧张得不知如何玩下去。可是，你有没有想过，你其实可以换牌啊！悲剧在所难免，但并不表示你就非得被它打垮，从此与幸福绝缘；而是，你能不能转祸为福，在逆境中重新站起来。

意大利的心理学家曾经做过研究，对象是一群因为意外事故而导致截瘫的病人，他们都是年纪轻轻，但却丧失了运用肢体的能力，可以说命运对他们不公平。不过，绝大多数的患者却一致表示，那场意外也是他们这一生中最具启发性的转折点。

调查中有一名叫做鲁奥吉的青年，他在20岁那年骑摩托车出事，腰部以下全部瘫痪。鲁奥吉在事后回忆说："瘫痪使我重生，过去我所做的事都必须从头学习，就像穿衣、吃饭，这些都是锻炼，需要专注、意志力和耐心。"

鲁奥吉却以积极面对人生的态度声称，以前自己不过是个浑浑噩噩的加油站工人，整天无所事事，对人生没什么目标。车祸以后，他经历的乐趣反而更多，他去念了大学，并拿到语言学学位，他还替人做税务顾问，同时也是射箭与钓鱼的高手。他强调，如今，"学习"与"工作"是令他最快乐的两件事。

的确，生命中收获最多的阶段，往往就是最难挨、最痛苦的时候，因为它迫使你重新检视反省，替你打开了内心世界，带来更清晰、更明确的方向。

要想生命尽在掌控之中是件非常困难的事，但日积月累之后，经验能帮助你汇集出一股力量，让你愈来愈能在人生赌局中进出自如。很多灾难在事过境迁之后回头看它，会发现它并没有当初看来那么糟糕，这就是生命的成熟与锻炼。

这是基督圣歌中"奇迹的教诲"中的一句歌词："所有的锻炼不过是再次呈现我们还没学会的功课。"学着与痛苦共舞，才能看清造成痛苦来源的本质，明白内在真相。更重要的是，让你学到了该学的功课。

山中鹿之助是日本战国时代有名的豪杰，据说他时常向神明祈祷："请赐给我七难八苦。"很多人对此举都是很不理解，就去请教他。鹿之助回答说："一个人的心志和力量，必须在经历过许多挫折后才会显现出来。所以，我希望能借各种困难险厄来锻炼自己。"而且他还作了一首短歌，大意如下："令人忧烦的事情，总是堆积如山，我愿尽可能地去接受考验。"

一般人向神明祈祷的内容都有所不同，一般而言，不外乎是利益方面。有些人祈祷幸福，有人祈祷身体健康，甚或赚大钱，却没有人会祈求神明赐予更多的困难和劳苦。因此当时的人对于鹿之助这种祈求七难八苦的行为，不能够理解，是很自然的现象，但鹿之助依然这样祈祷。他的用意是想通过种种困难来考验自己，其中也有借七难八苦来勉励自己的用意。

鹿之助的主君尼子氏，遭到毛利氏的灭亡，因此鹿之助立志消灭毛利氏，替主君报仇。但当时毛利氏的势力正如日中天，尼子氏的遗臣中胆敢和毛利氏敌对的，可说少之又少，许多人一想到这是毫无希望的战斗，就心灰意冷。可是，鹿之助还是不时勉励自己，鼓舞自己的勇气。或许就是因为这个缘故，他才会祈祷赐予其七难八苦。

一般被喻为英雄豪杰的人，他们的心志并不见得强韧得像钢铁一样。许多伟人也有过一段内心黑暗的时期，甚至有的曾因觉得前途无望，而想自杀。例如在古巴危机发生时，美国总统肯尼迪在做大胆的决定之前，据说也是紧张而苦恼的。

再大的痛苦都会过去，超越了它，你便也在痛苦中超越了自己。

别总觉得自己很聪明

有很多人想靠自作聪明来显示一下自己的优势。殊不知，此为拙劣之举。请不要自作聪明，以为自己比别人总多一点智慧。自以为是的人永远都会伤害别人的自尊心。只要你肯虚心一些，经常听听别人的意见，得到对方的肯定，你才会有机会影响对方。

人们往往在交际中会考虑到很多技巧，一旦运用起来就颇为伤神。有的不仅无法尽如人意，还会弄巧成拙，与谈话者陷入一种僵持不下的敌对场面，使气氛格外紧张。在这种氛围下谈话是使人感到伤脑筋的，谈话的双方都觉得自己与对方似乎有很深的隔阂（其实根本不存在的，只是心理上的感觉罢了），不能进行深入地沟通，感到别扭、尴尬、不舒服，甚至恼怒。可以说这是交际中的失败，而这种情况在生活中却是层出不穷。

说到底，不过是双方都觉得自己说得对做得对，而对对方不满意，并且都不让步，不愿去迎合对方。从一开始就进入敌对状态，剑拔弩张，分明是像仇人相见分外眼红，哪里还有沟通余地。

因此，在谈话的一开始就要注意到这一点。如果让这次谈话能有一个好的开端，让其在缓和愉快的气氛中展开，在融洽的气氛中结束，这对双方来说，既达到了目的，又增进了友谊。

特别是在了解到这次谈话是无法避免地要与对方争论一场的情况下，更应掌握一些迎合对手、使对方满意的技巧。它将使你和对方在愉快的心情下达成一致的协议。

在开始与对方交谈时就应该让对方说"是"。虽然这样做很困难，但一想到以后的争执，就易办得多了。例如：此次谈话是为了对你们的合同达成一致，你就先对对方说："此次合作的目的，我们都是想让合作的项目成功，是不是？"对方肯定会说："是的。"然后再说："此次讨论的目的，双方都是想达成一致的协议，是不是？"对方肯定会再说："是的。"有了这种铺垫后，双方缓和了敌对情绪。这样做，使对方觉得你和他们之间有很多共同的地方和息息相关的利益，沟通就会更加顺利。

如果你将你的想法说成是别人的创造，让他产生一些优越感也不失为一个好办法。法国一位哲学家说："如果你想树立一个敌人，那很好办，你拼命地超越他，挤压他就行了。但是，如果你想赢得些朋友，必须得做出点小小的牺牲——那就是让朋友超越你，在你的前面。"其实这个道理很简单，每个人心中都有一种当重要人物的感觉，一旦别人帮助他实现了或让他体验了这种感觉，他当然会对这个人感激不尽的。当别人超过我们，优于我们时，可以给他们一种超越感。但是当我们凌驾于他们之上时，他们内心便感到愤愤不平，有的产生自卑，有的却嫉恨在心。

例如，一位专设计花样草图的推销员尤金·威尔森的对象是服装设计师和纺织品制造商。连续三年，他每个礼拜都去拜访纽约一位著名的服装设计师。"他从来不会拒绝我，每次接见我他都很热情，"他说，"但是他也从来不买我推销的那些图纸。他总是很有礼貌地跟我谈话，还很仔细地看我带去的东西。可到了最后总是那句话，'威尔森，我看我们是做不成这笔生意的'。"

无数次的挫败，威尔森认真地总结经验，得出的结论是自己太墨守成规，他太遵循那老一套的推销方法，一见面就拿出自己的图纸，滔滔不绝地讲它的构思、创意，新奇在何处，该用到什么地方……听烦了的客户出于礼貌会等到他将话讲完。威尔森认识到这种方法已太落后，需要改进。于是他下定决心，每个星期都抽出一个晚上去看处世方面的书，思考为人处世的哲学以及发展观念，创造新的热忱。

没过多久，他想出了对付那位服装设计师的方法。他了解到那位服装设计师比较自负，别人设计的东西他大多看不上眼。他抓起几张尚未完成的设计草图来到买主的办公室。"鲍勃先生，如果你愿意的话，能否帮我一个小忙？"他对服装设计师说，"这里有几张我们尚未完成的草图，能否请你告诉我，我们应该如何把它们完成，才能对你有所用处呢？"那位买主仔细地看了看图纸，发现设计人的初衷很有创意，就说："威尔森，你把这些图纸留在这里让我看看吧。"

几天后，威尔森再次来到办公室。服装设计师对这几张图纸提出了一些建议，威尔森用笔记下来，然后回去按照他的意思很快就把草图完成了。服装设计师对此非常满意，并且全部接受了。

你看，当你不再极力显示自己的聪明时，事情反倒办成了。

当富兰克林是一个常犯过失的青年时，有一天，一位老教友会的人将他拉至一旁，用几句针刺的实话痛击他。那几句话大概是这样：

我看你是无可救药了。你的意见对与你意见不同的人，含有一种打击。你的意见已经没有人注意了。你的朋友觉得当你不在周围时，更为快乐。你知道得太多，因而没有人能告诉你什么事了。说实在的，没有人要尝试，因为所费的力量只会引起不舒适与苦恼。所以你不容易知道的比你现在所知道得更多了，而你现在所知道的是极有限的。

富兰克林接受了这个尖锐的责备。他的年龄够大，又够聪明，能觉悟到那是真实的，感觉到他的前途的失败及社交的危机。所以他转变方向，并且以最快的速度去改变骄傲、固执的态度。

"我订了一个规则，"富兰克林说，"禁止所有对别人情感的反抗，及所有我自己的绝对确定的话。我甚至禁止自己语言中含有固定意思的字句，如'确定的'，'无疑的'等等，而以'我设想'，'我揣度'或'我想象'，或'目前在我看来好像如此'来代替。当别人肯定地说些我以为错误的话，我放弃鲁莽的反对并立即指出他意见的不近情理的地方的做法。在回答中，我开始先说，在某种情形之下，他的意见可能不错，但在现在的情形之下，我以为，或好像有不同的地方等等。我不久就看出这种态度改变的益处，我的谈话进行得更愉快，我提出意见的谦逊方法，使对方可以更迅速地接受，更少地反对。当对方看出我的错误时，我很少有懊恼的表情。我更容易使别人放弃他们的错误而同意我的观点，当然这是在我真正正确的时候。

135

"这种态度，最初我感觉很别扭，后来我就习惯了。在过去的50年中，大概没有人听我说出一句武断的话。由于这种习惯，我很早在提议新事业或改变旧事业的时候就得到民众的重视，后来我成为议员，我在公众机关依然使用这样的方法。虽然我只是一个不善辞令，没有口才，用字犹豫，语言不大正确的人。但一般地说，我的意见却获得赞同。"

当罗斯福在白宫的时候，他认为自己如能有75%的时候是对的，已经达到他希望的最高程度了。

当你能确定你55%的时候是对的，你可以到华尔街去一天赚100万元。假设你不能确定你55%的时候是对的，为什么你要告诉别人他们错了呢？

吉士爵士对他的儿子说：

"我现在差不多不相信我20年前所相信的任何事，除去乘法表。甚至当我读爱因斯坦的书的时候，我也开始怀疑，再过20年我或许不相信这书中所说的话。我现在对于任何事不像我从前那样确定了。苏格拉底屡次对他在雅典的门徒说：'我只知道一件事，那就是我什么也不知道。'

"好了，我不能希望比苏格拉底还聪明，所以我避免告诉别人他们错了，而我觉得这是应该的。"

如果你学会常说："我也许不对，我常弄错的，我们且来审查事实。"自作聪明的永远会是对方。

因为天上、地下、水中，没有人会反对你说"我也许不对，我们来审查事实"这句话。

学会把赞美当做达成目的的手段

我们都感受过得到赞美后舒畅、激动的心情，我们也清楚把赞美真诚地给予别人会赢得别人的心，但是一遇到具体的事情，又习惯性地把赞美作为次选，因为你从心底里认为可能别人做的事情不值得赞美。

何不把赞美当做与"力争"相对的一种手段？不是因为已有的结果而赞美，而是因为想要的结果而赞美，赞美会变得容易而真诚。

日本加藤清正家的老臣饭田觉兵卫是一位勇猛又擅长军略的武将。但在加藤清正死后，宗族被追加了爵位后，觉兵卫却从此辞官，并在京都过起了隐居的生活。有一次，他对别人说：

"我第一次在战场上建功时，也同时目睹了许多朋友因战殉职。当时，心想这是多么可怕的事情，我再也不想做武士了。可是，当我回到营里，加藤清正将军夸赞我今天的表现，随后又赐给我一把名刀。这时，我不想当武士的念头被打消了。后来，每次上战场，我总是有'不想再当武士'的念头。可是每次回到营里时，总又会受到夸赞和奖赏。周围的人，都以钦羡的目光看我。所以，我的心意一次次地动摇，总是没能达成我的心愿，也就一直服侍清正公。现在想来，清正公真是巧妙地利用了我。"

即使像觉兵卫这样杰出的勇士，在面临战争时，也会害怕，而有不想当武士的念头。更有趣的是，他因为受了加藤清正的夸奖和鼓励，而将一生贡献于服侍清正公。加藤清正的高明之处在于，他的赞美固然有嘉赏觉兵卫忠勇的因素，恐怕更大的目的是把这个忠勇部下留下来。

137

　　当你的功劳被别人忽略不计时，你一定会感到遗憾；而在被别人夸奖时，心中不但会很高兴，也能建立起自信，并在事业上也更能做得绘声绘色。

　　不知不觉间，我们高高兴兴地成了"赞美"这件武器的牺牲品。但是既然赞美能成为一件利器、一种手段，我们为什么不好好利用它呢？

　　与此相对应，为了批评而批评是愚蠢的做法，批评是为了改正后取得好的结果，但有时明明你的批评不能让人改正，可还是批口常开，批评就仅仅成了一种发泄渠道，这是"争"不择食的结果，也是一种最愚蠢的做法。

　　林肯年轻的时候住在印第安纳的鸽溪谷。他不仅批评，而且写信作诗讥笑人，还将这些信丢在使人一定会拾起的乡间街道上。即使林肯在伊里诺斯的春天成为律师之后，他的习惯仍没改掉，在报纸上发表文章公开攻击敌对的人。

　　1842年秋季，他讥笑一位自大好斗的爱尔兰人政客，名叫西尔士的。林肯在报上登了一封匿名信讥讽他，这使全镇都哄笑了起来。西尔士敏感而自傲，怒气冲天。当他查出是谁写的信后，便跳上马去寻找林肯，向他挑战作一决斗。林肯不愿意打架，他反对决斗。但他不能逃避，那样他会颜面尽失。他的对手允许他自选武器。因为他的臂长，他选择了马队用的大刀，并跟西点军官学校毕业生学习刀战。到了指定的日期，他与西尔士相约在密西西比河的沙滩上，准备决战至死。但最后的一分钟，他们的见证者阻止了决斗。

　　这也是林肯一生中最失败的事。他在人际交往的艺术上得到了一个无价的教训。从此，他再也不会凌辱讥笑别人了。从那时起，他几乎从未因任何事，批评过任何人——他放弃了批评。

在美国内战的时候，林肯屡次委派新将领统率军队。麦克莱伦、朴布、勃洒、胡格、米德都惨痛地失败了，林肯失望地在室中发愁。全国大半的人指责这些不胜任的将领，但林肯仍保持着平和的态度。他最喜欢的格言是"不要评议人，免得为人所评议"。

当林肯夫人及别人刻薄地谈论南方人时，林肯回答说："不要批评他们，我在相似情形下也会像他们一样。"

可是，如果说有人最有资格进行批评的话，那个人就是林肯。我们再举一个例证：

1863 年 7 月 3 日，吉第士伯之役打响了。在 7 月 4 日晚，南方将军李开始南退。当时全国雨水泛滥，当李同他的败军来到布渡末的时候，他看见一条水涨得不能通过的河展现在他的前面；胜利的联军在他的后面，他无路可逃了。林肯看到这情形，明白这正是天赐良机，是俘获李的军队、即刻终止战争的良机，所以充满了希望。林肯命令米德将军不要召集军事会议，而要其即刻攻击李军。林肯用电报发令，然后便遣特使，要求米德马上行动。

米德将军却背道而驰，他召集了一个军事会议，直接违反了林肯的命令。他迟疑不决地延迟下去。他找出各种借口，拒绝攻击李军。最后河水退下了，李与他的军队逃过了布渡末。

林肯大怒。"这是什么意思？"林肯对他的儿子劳勃德大呼道，"天呀！这是什么意思？他们已经在我们掌握之中，我们只要一伸手他们就是我们的人。但我不论如何说，如何做，终不能使军队移动。在这种情形之下，无论任何将领都能打败李。假如我去，我自己也可以把他捉住了。"

在深切的失望之下，林肯坐下写了一封信给米德。在他一生的这段时间，他极端地保守，用字非常地谨慎。所以在 1863 年，这一封出自林肯手笔的信也就是最严厉的斥责了。

我的亲爱的将军：我不相信你不能领会由李的脱逃所引起的不幸事件的重大性。他已在我们牢牢地掌握之中，如果得到他，再加上我们最近的其他胜利，即可将战事终了。照现在的情形说来战事恐怕将无限期地延长。你不能在上星期一安全的攻击李军，你如何还能在河南攻击？到那时候你只能带极少的人，不能多过你当时军力的三分之一。希望将是不近情理的，我也不知你现在能有多少成功。你的良机业已过去，因为这个，我感到无限的伤痛。

不过，米德并没有见到这封信。因为，林肯并未发出它。这信是林肯死后在他的文件中找出来的。

批评的出发点大多是为了争取，但是换一种方式的效果恐怕更好。

斯瓦伯有一天中午从他的一个钢厂经过，遇见几个工人在吸烟。刚好在他们的头上就有一块布告牌写着："禁止吸烟"。斯瓦伯是否指着这布告牌说！"你们不识字吗？"没有，斯瓦伯绝对没有。他走到这些人面前，给每人一支雪茄，说道："孩子们，如果你们到外边去吸这些雪茄，我很感激。"工人们知道他们已经违犯了这项规则，但对斯瓦伯非常赞赏。因为他没有说什么，并且给他们一点小礼物，使他们感觉重要。任何人也不会讨厌这样的人。

迪利斯通是加拿大一位工程师。他发现秘书常常把口授的信件拼错字，几乎每一页总要错上两三个字。他真诚地对秘书说："就像许多工程师一样，别人并不认为我的英文或拼写有多好。我有个维持了好几年的习惯，就是常常随身带着一本小笔记簿：上面记下了我常拼错的字。"他虽然常常指正秘书所犯的错误，但她还是我行我素，一点也没有改进的意思。迪利斯通决定改变方式，等第二次又发现她拼错时，他坐到打字机旁，告诉她说："这字看起来似乎不像，也是我常拼错的许多字之一，幸好我随身带有拼写簿（我打开拼写本，翻到所要的那页）。哦，就在这里。我现在对拼写十分注意，因为别人常常以此来评断我们，而且拼错字也显得我们不够内行。"迪利斯通不知道后来她有没有采用他的方法。但很显然，自那次谈话之后，她就很少再拼错字了。

华克公司在费莱台尔费亚承包建筑一座办公大厦，在一个指定的日期前完工。每样事都进行得很顺利，这建筑差不多要完成了，而这幢建筑物外部装饰铜材的供应商却突然声称他不能按期交货。建筑就要停工，巨额的罚金，惨重的损失只是因为他一个人。

电话沟通起不到任何作用，于是高伍先生被派赴纽约去拔这头狮子的须。

"你知道你的姓氏在勃罗克林是独一无二的吗？"高伍先生进入这位经理的办公室时问道。

这位经理很惊异："不，我不知道。"

"哦，"高伍先生说，"今天早晨下火车后，我查电话簿找你的住址，在勃罗克林电话簿中只有你一个人叫这姓氏的。"

"我从不知道，"经理说，他很有兴趣地检阅电话簿，"哈，那不是平常的姓氏，"他自豪地说，"我的家庭差不多是 200 年前由荷兰移民到纽约来的。"他接着谈论了他的家庭及祖先有数十分钟。

当他说完了，高伍先生恭维他有这么大的一个厂，并且比他曾参观过的几家同样的工厂都好。"这是我所见过的最清洁的铜器工厂。"高伍说。

"我费了一生的工夫经营这项事业，"经理说，"我很引以为自豪，你愿意参观一下工厂吗？"

在这次参观的过程中，高伍先生恭维他的构造系统，并告诉他为什么它看来比其他的几家竞争者要好以及如何好。高伍先生评论几种特别的机器，经理宣称那些机器是他自己发明的。他费了许多工夫指给高伍先生看那些机器是如何工作的及它们所造出的优良产品，他还坚持要请高伍先生吃午餐。你要注意，直到这时，高伍先生来访的真正目的，一个字还没有提到。

午餐以后，经理说："现在，言归正传，我自然知道你是为什么来的。我想不到我们的聚会竟这样愉快，你可以带着我的许诺回费莱台尔费亚去。你的材料将被制造出来，即使别的订货不得不延迟。"

高伍先生甚至没有请求，即得到了所要的东西。材料按期交货，建筑在包工合同期满的那天完成了。

放弃旧我并不难，有时在批评与赞美的转换之间就轻松实现了。

▶▶ 第十章　放弃假面具：

做回真实、自然的自己

　　每个人都有一个赤条条的纯净的自己，只是随着年龄的增长，那些外在的、我们被迫接受的东西越裹越厚罢了，其作用只不过是让自己看起来跟别人更相似。但是人生要想更有意义，只有下决心去掉杂质和伪装，尽可能做回那个真实、自然的自己。

找回那个迷失的自我

　　佛教文献记载："人的肉体内，住有一位真人，那是没有地位、没有头衔的真实自己。他可以从人的任何部位自由进出。"这里所说的无位真人，也就是哲学上的灵魂，是属于形而上的。

有一次临济禅师向弟子们传授了这段经之后，一个弟子提出了疑问："何谓真实的自己？"

临济拍拍他的胸襟，说道："你认为呢？"

弟子正要回答时，临济微笑地说："傻瓜！你就是真实的自己。"

真实的自己，就是真正的自我。人们活着，不知道还有另一个自己，这就如同鱼天天在水中游着，却不知有水一样。有一位诗人曾说："要爱自己，只有时时刻刻凝视着真实的自己。"然而，当代人在看自己时却模糊不清，原因是离真实的自我越来越远。如果你能每天花几秒钟仔细看看自己的眼睛，你将发现真实的自己。

著名畅销书作家泰德曾经写过一本书《为自己活着》，一经出版立刻造成轰动，迄今创下销售70余版的记录。

泰德在书中阐释一种自由主义的思想，鼓励每个人无须跟从世俗标准随波逐流，而是应该依自己的方式去选择有价值的人生，使自己活得快乐，活得自由。

你活得快乐吗？自由吗？读这本书的人都觉得"心有戚戚焉"，因为他们的心事被看穿，他们发现自己这辈子为了父母而活、为了配偶而活、为了子女而活、为了房屋贷款而活、为了取悦老板而活、为了身份地位而活……总之，有各种"为别人活"的理由，却始终没有为"自己"好好活过。

为了别人而活，经常使人陷入进退两难的境地，他们过着不快乐的生活，做着不合志趣的事，即使是他们当中不乏外表看起来功成名就的人，但他们心中仍有一种想"冲破现状"的欲望。

　　你是不是会有这样的感受？虽然职位愈升愈高，薪水也日益上涨，但这并不是你想过的生活。纵使人人羡慕你，但其实那些表象只不过是生活无趣的"安慰品"罢了，你心里想的很可能只是散散步、种种花、饲养动物、看几本好书、和好友把酒言欢这些再简单不过的事情而已。

　　歇尔女士是美国有名的心理专家，同时也是《热情过活》的作者。歇尔经常受邀为企业做生涯咨询。她发现，尽管很多人生涯发展的步调快速，却愈来愈失落，因为这些人未找到正确的生活轨道，所以常常会感到焦躁不安。歇尔比喻："这就好像是在高速公路上往错误的方向加速前进，但又不见回转道。"

　　歇尔同时发现，很多人都犯了相同错误：误以为"能力"等于"快乐"。但是，一人"能"做的事，并不一定就是他"想"做的事。例如：一个"能"赚两百万年薪的人，他"想"做的也许只是陪心爱的小女儿游戏。

　　美国人曾经做过一个相关调查，其结果出乎意料，竟然有高达98%的人工作不快乐，而他们之所以继续待在原来的位置，并非完全是受制于经济因素，而是不知道自己还"想"做些什么。即使他们"想"为自己活，却找不到"着力点"。

　　要找出自己真正想过的生活，其实并非难事，最直接的方法就是从你的兴趣中寻找线索。你可以问自己几个问题：曾经有哪些令你振奋的嗜好？假设说，维持基本的物质需求无虞，你会把剩余的时间、精力用在哪里？你是不是花了太多的力气去追逐身外之物，或者为了满足别人，而把自己内心的真爱丢弃不顾？

　　想为自己活，就要去做自己喜欢的事。穷毕生之力做自己不喜欢的事，谈何"为自己活"？

有一本书《与成功有约》，书中的一段话使人感悟颇深："每个人在做任何事的一开头，就应该要有结束的图像在脑海里。"作者柯维举了一个例子：你能想象将来在你的丧礼上，你周围的人如何描述你吗？也许你很想听到的是：太太描述是一个忠诚、体贴的伴侣，女儿称赞你是一个关心子女的好爸爸，朋友说你正直，同事则说你乐于助人……总而言之，希望自己是一个多方位成功的人。

泰德还在一家电脑公司工作时，一度为"找不到自己"而苦恼。他将自己以前的生活方式从头想了一下，发现自己每天把工作当成第一，深夜加班如同家常便饭，致使他与家人的关系日渐疏离，每天与女儿相处的时间不到一个小时，生活已偏离他理想的轨道。

后来，他决定离开原来的公司，选择做一名弹性上班的自由工作者。

泰德觉得，现在的他比以前快乐，有比较多的时间做自己想做的事，更重要的是可以陪伴家人，至少三个女儿不再把他当成"陌生的父亲"，而是可以替她们洗澡，陪她们玩耍、睡觉的"亲爱的爹地"。泰德说："这点的确让我感觉舒服多了！"

自我怜悯不解决任何问题

事业不顺、婚姻不顺、生活不顺……种种不顺一时间都让你碰上了。这时，如果你一味地顾影自怜会觉得自己是天底下最倒霉的人。于是，从此在别人面前或者内心里，你成了一个自怜并需要别人同情的可怜人，于是你变得真的可怜，而那个真实的自己就这样被掩盖起来。

如果你与生俱来的音乐天赋外加你在钢琴上下了10年的苦功，使你成为大众公认的音乐家了，你用你音乐的才能，赚到了进大学的费用；你在大学医科选定了外科的专业，专心研习，希望将来在社会上对于患病的人是一个良好的服务者，同时，你又热心地希望用音乐做你的副业，而对于人类也有服务的机会。然而你正在这样热心地期待着将来的事业成功的时候，你不幸地遭遇车祸，你的双手被撞坏，在你的专业与爱好上都无法发挥作用。这时候，你该怎么办呢？

倘若你除音乐的才能之外，还有演说才能，当对外科与音乐都绝望时，你日夜训练，使自己成为一个演说家、教育家。经过几年的训练和研究之后，你居然做到了，并且赚了很多钱，却在这时候，你又得了严重的胃溃疡住进了医院。经过半年多的时间，病虽然好了，但大病初愈还须休养才能恢复。这时候，你又该怎么办呢？

以上的两个问题，都是梅森先生亲身经历的。

上天既赋予梅森先生音乐和演说的才能，同时又赋予他不屈不挠的精神，所以他虽在这两种悲惨的情形之中，却从没有过自暴自弃的念头。虽然在这两种情形之中，他也曾有失望，这正如一个人倾尽所有投资于一家工厂，等到工厂要开工的时候，正与保险公司洽谈的过程中，忽然半夜被人唤醒，他所有的一切都在半夜的火焰里化为灰烬的情形一样。

但是，自怜是于事无补的，在这时候，他得到了在小时候曾经发生过的一件事情的帮助。他在幼小的时候，他母亲先患伤寒，继之肺炎，最后又患脑膜炎。医院和医师的记录可以证明在医药史料之中，他的母亲所经过的昏迷状态算是时期最长久者之一。他希望母亲醒过来，认得他，可母亲一直没有知觉。有一天晚上，父亲先后请来了几位医师，都说母亲的病无望了。将近半夜的时候，他们的家庭医师告诉父亲说，母亲的生命维持不到天亮了，让父亲预备后事。他听到这悲惨的消息哭叫一声，跪在父亲的脚边，抱着他的踝骨哭了起来。他的父亲立即抱起他来，要他站着，父亲看见他站也站不住只是哭个不休，于是正色望着他，对他说道："儿啊，这是人类不得不勇敢地站起来去对付的困难事件之一。"

梅森先生在儿童时期，父亲曾有多次对他加以体罚，想给他生活上的教训，但是，在他一生所受到父亲的许多积极的教训之中，无过于在母亲的性命垂危的那夜所得到的了。

隔了13年，他被汽车撞坏了双手，对于他理想中的前途完全绝望，他的心不知不觉回到了母亲临危的那夜里，竟忍不住哭了起来。但是他的耳朵里忽然听到父亲的声音："儿啊，这是人类不得不勇敢地站起来对付的困难事件之一。"

多少年以来，梅森先生到处演说，到处播音，他曾遇到了很多的男女老少来他这里畅谈他们的不幸和悲伤，其中有许多人说："实在没办法了，我只得预备自杀！"但是，真的没有办法了吗？事实上不过甘心自弃罢了！掀掉这个自我怜悯的假面具你会发现：还有一个比自己想象得更坚强的自己。

摒除内心矛盾

作为一个平凡的人，我们无时无刻不在被内心的矛盾所困扰：进与退、爱与恨、走与留等等。有矛盾就有痛苦，人内心的矛盾有的是人所共有，你也就不必过多地为此烦恼，有的则是个人的。不管是什么样的矛盾，既然是内心深处的东西，只有靠自身的力量努力化解。矛盾少一分，我们就多一分快乐。据心理学家分析，每一个正常的人，包含着三个"我"。

第一个我是"动物的我"。现代科学告诉人们，人到世上，并不是腾云驾雾的天使，他是由动物进化而来的。他虽已进化成为人，但动物的根性却还未完全消失。它——"动物的我"有两个目的必须达到：一个是保存自己，另一个是保存种族。为了保存自己所以他要吃，为了保存种族所以他要性爱。它又为了必须要达到这一目的，至今还遗传着丛林生活的定律，就是如果使之孤独的时候，它会打、会爬、会残害、会杀伤。

第二个我是"社会的我"。倘若"动物的我"是孤独的，人类绝不能久存，不到现在便早已灭绝了，因为他们在孤独的时候，会互相破坏，互相残杀的。所以不能不合群而组织社会，"驯化动物的我"，才能使人类有秩序地生活而继续不绝地存在。"动物的我"是不知有慈悲、爱情和合作的，所以我们在儿童时期所受的教育，就是驯化我们的"动物的我"，这种驯化的产物，就是"社会的我"。

第三个我是"个人的我"。这是心灵的产物，因为我们之中的每一

149

个人，所得到的生活的经验是各不相同的，所以对于安全和快乐的观念也各有自己的特性。而每个人的品性和人格就是发展每个人个人的安全和快乐的工具。

一个正常的人，都是由上述的三个"我"完成一个共同的目的之人。任何人都不会否认自己有某种动物的特性，因为你必须吃，必须有配偶。但也有必须改变原始性的需要，而符合人群社会的道德标准，比如不可以盗窃别人的食物和妻室。

事实上有很多人是不曾完全驯化，所以不能合作，要吃、要恋爱的时候，也不愿遵照人类社会的道德标准去做，因此犯下各种的罪恶。所以说到底罪恶是人的内心的矛盾，是"动物的我"和"社会的我"二者之间的矛盾造成，而"动物的我"占了上风。

有些人，因为他们的"个人的我"不能和现实调和，内心也充满着矛盾带来的苦闷。例如一位年轻的女人，她感到自己是一个低贱的人，她要弥补这个缺点，她要做一个圣人。她定下做圣人的标准，非但和她的"动物的我"不相和，而且和她的"社会的我"也是相矛盾的。于是在她的内心就起了食色的欲望和做圣人的需要的决斗，因为她毕竟是一个人，不是一个天使。

内心的矛盾——各个我之间所发生的矛盾——不单是表现到矛盾为止，它还会变成情感过激的病相。假设有一位年轻的女人，她有一种强烈的扩张自己势力的本性，她知道必不可偷盗，偷盗是违反"社会的我"的罪恶，然而她为她的欲望所支配，她要取得别人的东西，只能用一种侵掠的手段显示自己的权力。这便不仅是个人内心的矛盾，进而已成为家庭和社会生活的障碍。

人生矛盾分很多种。"动物的我"的欲望和"社会的我"的标准之间，是存在矛盾的；自己的立身和对于父母、国家的责任之间，也存在矛盾。此外如自己是残暴的却想得到人家的爱；拼命赚钱而又拼命花钱；又要勇敢而又要安全……凡此种种都是相互矛盾的。

人一旦内心产生了矛盾，生活便十分苦恼和不幸，常会发生神经衰弱、不消化、失眠、怕见别人、怕和有权威的人交谈以及意志消沉等等的情形。所以你倘若要使你身心快乐和健康，便非解决你内心的矛盾不可。

避免自相矛盾的最好办法，必先完全明了矛盾发生的原因，从根本上去着手。有许多人对于自己的矛盾是不注意的。他们以为完全是年龄的关系，只要年龄增长，内心的矛盾自然而然就会消失。其实不然，要解决一个真正的心理上的矛盾问题，只有在心理上接受教育，否则它势必会污染或干扰你的精神。

承认使你生存的动物本性，再让个人的欲望适应现实的环境，矛盾会渐归平息，人的心灵才会趋于安宁。

依赖久了会变成无赖

人们都明白"求人不如求己"这句话其中的道理，但真正能做到"求己"而"不求人"并不容易。

有的人一生中的很多注意力都会放在"求人"上，那么"求人"好不好呢？当然，有时候好像挺不错的，尤其是当你的"要求"被满足的时候。但是，大多数的时候，"求人"让你感觉到自己比人家矮半截，以至于当你的"要求"被拒绝的时候，你会变得愤怒、失望、沮丧、挫折，甚至觉得备受屈辱。

如果你觉得工作出色，便向老板提出加薪，可老板却拒绝了，你是不是会愤怒，会失望甚至会痛苦呢？你努力了半天恳求客户给你的一笔生意，结果客户拒绝了，你是不是心情十分低落，就好像是一只斗败的公鸡？你要求一个人爱你，但他却表现出一副漠视你的态度，仿佛根本无视于你的存在，是不是令你伤心欲绝？

每当"求人"时，你自己也许没有意识到，此时你已经产生了一种"依赖别人而活"的心理。你觉得你的生活满足与否，是由于别人的关系。也可以说，你把你自己交给了别人，让别人来操纵你。

"求人"，你必须讨好别人，迎合别人，希望换取别人的施舍，这样做就失去了尊严，故而你便扭曲自己，掩盖了本来的面目，这反而会使你脱离了自我，距离真实纯真的自己愈来愈远。更可怕的是，当你真的缺少了别人的帮助便不能活时，你就会成为死乞白赖地要去依赖别人的无赖！

想要活得有尊严，就要学习"不求人"，并且反过头来"求自己"。怎么"求自己"呢？很简单，就从"爱自己"开始做起。

生活中确实有很多时候，从表面上看你好像处于不得不"挨打"的局面，"我真是厌恶我的工作到了极点，但是，为了养家糊口，我只好忍气吞声继续做下去……""老板不给我升官，实在太可恶了，我为公司付出那么多，得到的却是别人的一半，实在太不公平了！"

问题是，不管是你的工作、你的老板、你的伴侣、你的客户，甚至你的生活，都是你自己决定"选"的，是你自己当初所"爱"的，他们没有什么不对劲，不是他们让你失望，而是你对自己的"选择"失望。如果你自始至终忠于自己的选择，爱自己的选择，你就能包容、体谅，并且将这一切视为理所当然，更不会去苛求什么。

"求己"的人，通常会很诚实地接受"我就是这样的人"、"我可以为自己负责"、"如果我对现状不满意，接下来，我还可以为自己做些什么"；"求己"的人，不会把时间浪费在自怨自艾，嗟叹自己"为什么那么倒霉"。

如果你花掉太多的时间在"求人"上，把希望寄托在别人身上，即便你能得到所"求"，你还是一直会缺少安全感，因为你不知道哪天它会消失。纵然你苦苦"求"了一辈子，最后很可能还是徒劳无获。所以，不要管别人了，还是回头"求自己"吧！

在情感的路上，不论是已婚还是未婚的男女，很多人总是不自觉地把期望放在另一半身上，希望对方多在意自己一点，多爱自己一点，如果对方做不到，就会产生怨恨与摩擦。

现在身为一家杂志社主编的劳伦承认自己曾经也如此，总是觉得配偶达不到自己的要求。在外人眼里这是个"幸福的组合"、标准的"模范夫妻"，但劳伦却愈来愈不满意自己的伴侣，她一直渴望有一个深厚感情的婚姻，彼此更贴近对方，然而她感觉自己始终得不到，因而情绪受到很大的煎熬。

34 岁那年，是劳伦很大的一个人生转折点，她断然放弃了婚姻，恢复单身。不过，她并没有因此而变得比较快乐，依旧感到沮丧、挫折，她知道自己出了问题，便开始反省自己："我到底有什么不对劲？"

劳伦认识到，自己在感情上不顺遂，是因为对别人一直有很大的"期待"，总是认为别人"应该"如何对待她，而当对方不是那样的时候，她就觉得失落，失望，甚至绝望，更有时会变得歇斯底里。这时候的女人在男人眼里也就成了不讲任何道理的"无赖"——虽然难听，却是事实。

她发现在累积愈来愈多绝望之后，她开始逃避，并且拼命为自己编织谎言："你看，果然不出所料，他们都遗弃你，你就是得不到你要的，你就是不可能被爱！"

劳伦费了很大的功夫才终于弄懂，原来，自己一直在"求"人，而且，她以为那些东西迟早会"求"到，总有一天会自动从天上掉下来。其实，她是大错特错。

她决定开始练习"不求"人，并且把关注点放在自己身上，"我能不能多爱自己一点？多给自己一点？"她悟出一个很重要的道理："毕竟，我的生命不应该是寄托在别人身上，而是应该靠自己独立完成。"

走过了这一段漫长的历程之后，劳伦对自己认识得更清楚，处理感情也变得更成熟。目前，她有一个很要好的男友，两人维持稳定的关系，互相关怀接纳，同时也尊重彼此是独立的个体，不把不当的期待加诸对方身上。

现在，你若问劳伦，"不求"人的滋味如何？她会很肯定地回答你："没有负担，而且，自己变得更快乐！"

不再依赖便不再有负担，这就是放弃它的最好理由。

返璞归真会觉得更轻松

有人说过这样的一句话："年轻的时候，拼命想用'加法'过日子，一旦步入中年以后，反而比较喜欢用'减法'生活。"

所谓"加法"，指的是什么都想要多、要大、要好。例如，钱赚得更多、工作更好、职位更高、房子更大、车子更豪华等等；当进入中年之后，很多人反而会有一种迷惘的心态，花了半生的力气去追逐这些东西，表面上看来，该有的差不多都有了，可是，自己并没有变得更满足、更快乐。

人生在不同的阶段，需要的东西自然也会有变化。

每个人在来到这个世上时都是两手空空，没有任何东西，因此重要的事情也只是"吃喝拉撒睡"。

随着岁月流逝年纪越来越大，生活也开始变得复杂。除了一大堆的责任、义务必须承担之外，身边拥有的东西也开始多了起来。

之后，便不断地奔波、忙碌，肩上扛的责任也愈来愈重。而那些从各处弄来的东西都是需要空间存放的，所以，需要的空间也愈来愈大，当我们发现有了更多的空间之后，立刻毫不迟疑地又塞进新的物品。当然，累积的责任、承诺以及所有要做的事也不断地增加。

曾有这么一个比喻："我们所累积的东西，就好像是阿米巴变形虫分裂的过程一样，不停地制造、繁殖，从不曾间断过。"

那些不断增多的物品、工作、责任、人际、财务占据了你全部的空间和时间，许多人每天忙着应付这些事情，累得早已喘不过气，几乎耗掉半条命，每天甚至连吃饭、喝水、睡觉的时间都没有，也没有足够的空间活着。

拼命用"加法"的结果，就是把一个人逼到生活失调、精神濒临错乱的地步。这是你想要过的日子吗？

这时候，就应该运用"减法"了！

这就好像参加一趟旅行，当一个人带了太多的行李上路，在尚未到达目的地之前，就已经把自己弄得筋疲力尽。唯一可行的方法，是为自己减轻压力，就像将多余的行李扔掉一样。

著名的心理大师容格曾这样形容，一个人步入中年，就等于是走到"人生的下午"，这时既可以回顾过去，又可以展望未来。在下午的时候，就应该回头检查早上出发时所带的东西究竟还合不合用？有些东西是不是该丢弃了？

理由很简单，因为"我们不能照着上午的计划来过下午的人生。早晨美好的事物，到了傍晚可能显得微不足道；早晨的真理，到了傍晚可能已经变成谎言"。

或许你过去已成功地走过早晨，但是，当你用同样的方式度过下午，你会发现生命变得不堪负荷，窒碍难行，这就是该丢东西的时候了！

用"加法"不断地累积，已不再是游戏规则。用"减法"的意义，则在于重新评估、重新发现、重新安排、重新决定你的人生优先顺序。你会发现，在接下来的旅途中，因为用了"减法"，负担减轻，不再需要背负沉重的行李，你终于可以自在地开怀大笑！

▶▶ 第十一章　放弃执着心：

从不良心态中解脱自己

　　我们坚持自己的选择，甚至想当然地认为自己的做法无比正确，于是家人的阻拦、朋友的劝告都成了耳边风，并自豪地把这种坚持称作"执着"。但是，如果你所坚持的东西本身存在问题，那你的执着就成了固执。固执是自省的敌人，人生中有些东西不得不放弃，这时候，坚持反而是对自己最大的伤害。

放弃并不意味着失败

　　"鱼，我所欲也；熊掌，亦我所欲也，二者不可得兼，舍鱼而取熊掌者也。"

在面临这样的选择时，就必须学会放弃。放弃，并不意味着失败。相反，死守一片森林，可能连一棵树也得不到。

在滑铁卢大战中，大雨使道路泥泞不堪，致使炮兵移动不便。拿破仑不甘心放弃最拿手的炮兵，在踌躇之间，几个小时过去了，对方援军赶到。结果，战场形势迅速逆转，拿破仑遭到了惨痛的失败。从拿破仑的失败中我们可以得到这样的结论：在人生紧要处，在决定前途和命运的关键时刻，我们不能犹豫不决，徘徊彷徨，而必须明于决断，敢于放弃。卓越的军事家总是在最重要的主战场上集中优势兵力，全力以赴去争取胜利，而甘愿在不重要的战场上做些让步和牺牲，坦然接受次要战场上的损失和耻辱。

一样的道理，在人生的战场上，也必须善于放弃，把自己的时间和精力倾注于主战场上，而不必计较次要战场的得失与荣辱。在我们的学习生活中，学会放弃同样重要。当你路过篮球场或足球场时，看到别人正尽兴比赛，听到那欢快的笑声时，你一定会动心，但这时，你必须放弃一项，去燥热的教室里学习，或是在凉爽的绿茵球场上活动，斟酌损益，作出选择。

就算"鱼"与"熊掌"同等重要，在必须只取一件时，必然要放弃另一件。

不要怕你的选择错误，因为错误常常是正确的先导，它会教你逐渐学会放弃。

学会可以为了一棵树而放弃整个森林，这也许是另一种珍惜。

换个角度或许能看到更大一片天

如果有人准备学打高尔夫球这种难度极高的运动项目，他将为设备、附件、教练和训练花上大笔的金钱，他还会将昂贵的球杆时而打进池塘，他也常常会遭受挫折。如果他学习高尔夫球的目的是成为一位高尔夫球好手，或是在与朋友们相聚时可以共同打打球，那么这么投入是十分必要的。而且他还必须持之以恒，才会达到自己的目的。

如果他的目标是仅仅为了每周运动两次，减轻几磅体重并加以保持，使自己神清气爽的话，他完全可以放弃高尔夫球，只需找风景好的地方快走就可以了。如果他在拼命练习了一个月或两个月的高尔夫球之后，渐渐认识到这一点，他放弃高尔夫球，开始进行快步走的锻炼方式，那对他的评价可能是没有恒心、毅力，或者说他有自知之明。那么到底是没有恒心还是有自知之明，这就要从看问题的角度和实际效果来评判了。

马克·维克多·汉森经营的建筑业彻底失败，他因此破产，最后完全退出了建筑业。

可能很多人喜欢听到的是马克如何令人惊讶地重返建筑业，一步一步登上成功顶峰的令人欢欣鼓舞的故事。如果马克是用一生的精力这样做，这又将是一个关于恒心和毅力的传奇故事。这类故事很多，只不过马克却不是这类故事的主人公。

他彻底地退出了建筑业，忘记了有关这一行的一切知识和经历。他决定去一个截然不同的领域创业。他很快就发现自己对公众演说有独到领悟和热情。他很快又发现这是个最容易赚钱的职业。一段时间之后，他成为一个具有感召力的一流演讲师。终于有一天，他的著作《心灵鸡汤》和《心灵鸡汤第二》双双登上《纽约时报》的畅销书排行榜，并停留数月之久。马克成为富翁，他看到了更大的一片天空，只是因为换了一个看天的角度。

连·史卡德家的墙上有一个相框，里边有十几张名片，每张名片都代表了他从事过的一项工作。有的工作是由于自己做不好而放弃了，有的工作虽然自己完成得很好但不喜欢所以放弃了。对这十几项工作，他没有一项能坚持到底。然而，他的执着精神是以不断地寻找最适合自己的工作而表现出来的，他找到了一个适合自己的职业，一直做了十多年，最后成为百万富翁。他建立了一个跨国公司，在全世界有几千家分销商。

在密歇根州的艾达市，你会看到规模宏大、布局复杂的安利公司。该公司现在拥有几十万个分销商，年营业额以十亿美元计。正是因为李奇·德沃斯和杰·瓦·安德尔两个好友，当年连续更换了许多次工作，直到最后由于对公司管理层的不满而退出了纽奇莱特公司，才有了今天的安利公司。如果你每年在玛丽·凯公司召开年度大会的时候去达拉斯市，你会看到几千名粉红装束、开着粉红色卡迪拉克和别克轿车的女强人。而玛丽·凯公司作为化妆品的王国，最开始创建的原因，是玛丽·凯在一家直销公司做经销商遭受到生意上的挫折，她辞职后自己创办了玛丽·凯公司。

哪一片天空更广阔一看便知，但要下定"换一个角度"的决心，则需要你举起心中的那把刀。

尝试做个下山英雄

人们习惯于对爬上高山之巅的人顶礼膜拜，实际上，能够及时主动从光环中隐退的下山者也是"英雄"。

有多少人把"隐退"当成"失败"。曾经有过非常多的例子显示，对于那些惯于享受欢呼与掌声的人而言，一旦从高空中跌落下来，就像是艺人失掉了舞台，将军失掉了战场，往往因为一时难以适应，而自陷于绝望的谷底。

心理专家分析，一个人若是能在适当的时间选择做短暂的隐退（不论是自愿还是被迫），都是一个很好的转机，因为它能让你留出时间观察和思考，使你在独处的时候找到自己内在真正的世界。

唯有离开自己当主角的舞台，才能防止自我膨胀。虽然，失去掌声令人惋惜，但往好的一面看，心理专家认为，"隐退"就是在进行深层学习，一方面挖掘自己的潜能，一方面重新上发条，平衡日后的生活。当你志得意满的时候，是很难想象没有掌声的日子的。但如果你要一辈子获得持久的掌声，就要懂得享受"隐退"。

据说，在日本，很多中高年龄的男子，因为忍受不了退休后无事可做现状，结果纷纷走上了自杀一途，成为日本自杀率最高的人群。

事实上，"隐退"很可能只是转移阵地，或者是为下一场战役储备新的能量。但是，很多人认不清这点，反而一直缅怀着过去的光荣，他们始终难以忘记"我曾经如何如何"，不甘于从此做个默默无闻的小人物。

作家费奥里娜说过一段令人印象深刻的话："在其位的时候，总觉得什么都不能舍，一旦真的舍了之后，又发现好像什么都可以舍。"曾经做过杂志主编，翻译出版过许多知名畅销书的费奥里娜，在40岁事业巅峰的时候退下来，选择当个自由人，重新思考人生的出路。

费奥里娜带着两个子女悠然隐居在新西兰的乡间，充分享受山野田园之乐。因为要适应新的环境，她才猛然发现人生其实有很多其他的可能，后退一步，才能使自己从执迷不悟中解放出来。

40岁那年，麦利文从创意总监被提升为总经理，3年后，他自动"开除"自己，舍弃堂堂"总经理"的头衔，改任没有实权的顾问。

正值人生巅峰的阶段，麦利文却急流勇退，他的说法是："我不是退休，而是转进。"

"总经理"3个字对多数人而言代表着财富、地位，是事业身份的表征。然而，短短3年的总经理生涯，令麦利文感触颇深的却是诸多的"无可奈何"与"不得不为"。

他全面地打量自己，他的工作确实让他过得很光鲜，周围想巴结他的人更是不在少数。然而，除了让他每天疲于奔命，穷于应付之外，他其实活得并不开心。这个想法，促成他决定辞职。"人要回到原点，才能更轻松自在。"他说。

辞职以后，司机、车子一并还给公司，应酬也减到最少。不当总经理的麦利文，感觉时间突然多了起来，他把大半的精力拿来写作，抒发自己在广告领域多年的观察与心得。

"我很想试试看，人生是不是还有别的路可走？"他笃定地说。

人生机遇不同，有人是"开高走低"，少年得志，结果却晚景凄凉；

有人则是"开低走高"，原先不怎么顺畅，到了中年以后才开始发迹。

10年前，曾经在台湾股市刮起一阵旋风的胡立阳声称，自己就是典型"开高走低"的人，年纪轻轻，不到35岁就博得过满堂喝彩。然而，精彩表演结束，离开了光芒四射的舞台，过去所有的丰功伟业全部被一笔勾销。

胡立阳当红时，"股市教父"、"股市天王巨星"等美名接踵而来，所至之处，更是人群簇拥。当他由幕前走入幕后，昔日情景也一去不返，胡立阳非常难以适应，总是喃喃自叹："怎么，这个世界居然把我遗弃了？"

当他看到一些比他晚出道的后辈，如今几乎个个拥有一片天，心情之落寞更是难以言喻。胡立阳不讳言，有一阵子，自己真是患得患失到了极点，并且严重失眠。

就这样过了两三年直到去淡水看海，一个人独坐海边整整6个小时，望着潮起潮落，他突然有所领悟："大海不永远都是后浪推前浪吗？这就是人生啊！不光是我一个人的际遇而已，我又有什么好自怨自艾的呢？"

从淡水看海以后，胡立阳算是彻底醒悟过来，他认识到，人不应该一直缅怀过去，否则会愈来愈消沉，冲劲会流失。他决定让自己重新"归零"，把从前的记忆全部抛开，做一个"没有过去，只有未来"的人。

经过高峰到谷底，胡立阳形容目前的自己是"打着光脚走路"，不管别人怎么看他，他只想踏踏实实做自己喜欢的事。他终于悟出一个道理："如果你自认只是个平凡人，你就不会觉得自己失去过什么。"

事实已不能改变，那就接受它

我们不能改变既成事实，但可以改变面对事实尤其是坏事的态度。

有些人仅仅因为打翻了一杯牛奶或轮胎漏气就神情沮丧，失去控制。这不值得，甚至有些愚蠢。这种事不是天天在我们身边发生吗？这里有一个美国旅行者在苏格兰北部过节的故事。这个人问一位坐在墙上的老人："明天天气怎么样？"老人看也没看天空就回答说："是我喜欢的天气。"旅行者又问："会出太阳吗？""我不知道。"他回答道。"那么，会下雨吗？""我不想知道。"这时旅行者已经完全被搞糊涂了。"好吧，"他说，"如果是你喜欢的那种天气的话，那会是什么天气呢？"老人看着美国人，说："很久以前我就知道我没法控制天气了，所以不管天气怎样，我都会喜欢。"

由此可见，别为你无法控制的事情烦恼，你有能力决定自己对事情的态度。如果你不控制它们，它们就会控制你。

所以别把牛奶洒了当做生死大事来对待，也别为一只瘪了的轮胎苦恼万分。既然已经发生了，就当它们是你的挫折。但它们只是小挫折，每个人都会遇到，你对待它的态度才是重要的。不管此时你想取得什么样的成绩，不管是创建公司还是为好友准备一顿简单的晚餐，事情都有可能会弄砸了。如果面包放错了位置，如果你失去一次升职的机会，预先把它们考虑在内吧。否则的话，它会毁了你取胜的信心。

当你遭遇了挫折，就当是付了一次学费好了。

1985 年，17 岁的鲍里斯·贝克作为非种子选手赢得了温布尔登网球公开赛冠军，震惊了世界。一年以后他卷土重来，成功卫冕。又过了一年，在一场室外比赛中，19岁的他在第二轮输给了名不见经传的对手而出局。在后来的新闻发布会上，人们问他有何感受。以在他那个年龄少有的机智，他答道："你们看，没人死去——我只不过输了一场网球赛而已。"

他的看法是正确的，这只不过是场比赛。当然，这是温布尔登网球公开赛；当然，奖金很丰厚。但这不是生死攸关的事。

如果你发生了不幸的事——爱情受阻，或生意不好，或者是银行突然要你还贷款——你就能够——如果你愿意的话，用这个经验来应付它们。你可以把它们记在心里，就好像带着一件没用的行李。但如果你真要保留这些不快的回忆，记住它们带给你的痛苦感情，并让它们影响你的自我意识的话，你就会阻碍自己的发展。选择权在你自己：只把坏事当做经验教训，把它抛在脑后吧。换句话说，丢掉让自己情绪变坏的包袱。

一个人行事的成功与否，除了受思想、意志支配外，还有一个不可忽视的力量——天命。

曾经说过"五十而知天命"这句话的孔子，周游列国到"匡"这个地方时，有人误认他是鲁国的权臣阳货，而把他围困起来，想设计陷害他。那时孔子的学生都非常恐慌，倒是孔子泰然地安慰他们说："我继承了古代圣贤的大道，传播给世人，这是遵奉上天的旨意。假使上天无意毁灭这文化，那么匡人对我也就无可奈何了，你们大家不必为这件事情担心。"后来匡人终于弄清楚孔子不是阳货，而使孔子渡过危难。

所以，当自己已经尽力，但因为个人无法控制的所谓"天命"而使事情变糟时，恐慌、着急、悔恨都无济于事，何不像孔子那样坦然面对——清除看似天经地义的坏心情，营造自己的轻松心态。

肯舍得才能有获得

关紧门不跟人说话，噘着嘴生闷气，锁着眉头胡思乱想，结果心情更坏、更难过，人在心情不好的时候会不自觉地把坏心情抱得更紧。所以，人要学会放下坏心情，拒绝让它折磨才行。

下决心割舍掉坏心情，才能给好心情腾出地方。

想要有个好心情，就要从坏心情中解脱，从烦恼的死胡同中走出来。请注意，放下坏心情的包袱时，好好检查清楚，看看哪些是问题，把它留下来，设法解决；哪些是垃圾，是给自己制造困扰的想法，要狠下心来，把它抛开，这才能有好心情和清醒的头脑。所以，人应学会放下，放下的同时，学会割舍。

谈到放下与割舍，在《星云禅话》中有一则故事，讲得很生动、很具启发性。这故事大略是，有一位旅者，经过险峻的悬崖时，一不小心掉落山谷，情急之下抓住崖壁上的树枝，上下不得，祈求佛陀慈悲营救，这对佛陀真的出现了，伸出手过来接他，并说："好！现在你把攀住树枝的手放下。"但是旅者不松手，他说："把手一放，势必掉进万丈深渊，粉身碎骨。"

旅者这时反而把树枝抓得更紧，不肯放下。这样一位执迷不悟的人，佛陀也救不了他。坏心情就是紧抓住某个念头，死死握紧，不肯松手去寻找新的机会，发现新的思考空间，所以陷入愁云惨雾中。

其实，人只要肯换个想法，调整一下态度，就能让自己有新的心境。只要我们肯稍作改变，就能抛开坏心情，迎接新的处境。

有个女人习惯每天愁眉苦脸，小小的事情似乎就引起她烦躁不安、心情紧张。孩子的成绩不好，会令她一整天忧心，先生几句无心的话会让她黯然神伤。她说："几乎每一件事情，都会在我的心中盘踞很久，造成坏心情，影响生活和工作。"

有一次，她有个重要的会议，但是沮丧的心情却挥之不去，看看镜子里自己的脸庞，还是无精打采。她打了电话问朋友，"该怎么做？我的心情沮丧，我的模样憔悴，没有精神，怎么参加重要的会议？"

朋友出主意给她："把令你沮丧的事放下，洗把脸，把无精打采的愁容洗掉，修饰一下仪容以增强自信，想着自己就是得意快乐的人。注意！装成高兴充满自信的样子，你的心情会好起来。很快地你就会谈笑风生，笑容可掬。"她照着去做，当天晚上在电话中告诉朋友说："我成功地参加了这次会议，争取到新的计划和工作。我没想到强装信心，信心真的会来；装着好心情，坏心情自然消失。"

经常培养好心情，认清坏心情的背后，一定有不少垃圾思想和消极情绪，要把它们扫地出门。

这里有几则"砍"掉坏情绪的小窍门，不妨照做：

多读励志的书，它能给我们许多改变情绪的效果。

注意我们的仪容：挺直腰板，抬起头，衣着更要端庄。萎靡不振的表情，是招惹霉运的根本原因。

学习在危机中保持冷静，在紧张时给自己松弛的机会，如运动、静坐、旅行等。

美国加州大学心理学家艾克曼曾做过这样的实验，要受试者装出惊讶、厌恶、忧伤、愤怒、恐惧和快乐等表情。当受试者做出上述表情时，艾克曼发现他们的身体也跟着起了变化。当受试者装出害怕时，他们的心跳加速，皮肤温度降低等等，表现其他五种情绪时，也有不同的变化。

确实，即便快乐是装出来的，忧伤也会离你而去。

不要让内疚毁了自己

没有一个人是没有过失的，只要有了过失能够决心去修正，即使不能完全改正，只要继续不断地努力下去，尽力而为，也就对得住自己的良心了，徒有感伤而不从事切实的补救工作，那是最要不得的！只要真心在做着补救过失的工作，虽不能完全补救也不要紧。

人很容易被负疚感左右，在人们的思想中，内疚被当做一种有效的控制手段加以运用。

不用说，我们应当吸取过去的经验教训，但绝不能总在阴影下活着。内疚是对错误的反省，是人性中积极的一面，但却属于情绪的消极一面，我们应该分清这二者之间的关系，反省之后迅速行动起来，把消极的一面变积极，让积极的一面更积极。

芬利是一位商人，四处旅行，忙忙碌碌。当能够与全家人共度周末时，他非常高兴。他年迈的双亲住的地方，离他的家只有一个小时的路程。芬利也非常清楚自己的父母是多么希望见到他和他的全家人。但他总是寻找借口尽可能不到父母那里去，最后几乎发展到与父母断绝往来的地步。不久，他的父亲死了，芬利几个月都陷于内疚之中，回想起父亲曾为自己做过的所有好事情。他埋怨自己在父亲有生之年未能尽孝心。在最初的悲痛平定下来后，芬利意识到，再大的内疚也无法使父亲死而复生。认识到自己的过错之后，他改变了以往的做法，常常带着全家人去看望母亲，并经常同母亲保持密切的电话联系。而母亲也在假日里花些时间同他们待在一起。芬利从错误中吸取了教训，他内疚的感情因而转变成了有益的因素。

大家再看一下丽莎是怎么处理的。

丽莎的母亲很早便守寡。她勤奋工作，以便让丽莎能穿上好衣服，在城里较好的地区住上令人满意的公寓，能参加夏令营，上名牌私立大学。丽莎的母亲为女儿"牺牲"了一切。当丽莎大学毕业后，找到了一个报酬较高的工作。她打算独自搬到一个小型公寓去，公寓离母亲的住处不远，但人们纷纷劝她不要搬，因为母亲为她作出过那么大的牺牲，现在她撇下母亲不管是不对的。丽莎立刻感到有些内疚，并同意与母亲住在一起。后来她看上了一个青年男子，但她母亲不赞成她与他交朋友，强有力的内疚感再一次地作用于丽莎。几年后，为内疚感所奴役着的丽莎，完全处于她母亲的控制之下。她成了一个十足的附属品，她对母亲的控制稍感不满，母亲对她施加的压力就会增大。由于感情受到压抑，她的抑制挫折感不断加深，一直到她精神变得麻痹。丽莎被内疚缚住了手脚，而到最终，她因内疚感造成的压抑毁了自己，并为生活中的每一个失败而责怪自己和自己的母亲。

当然，处在某种情境之下，我们的头脑被外在因素所控制而不再清醒，不自觉地陷在内疚的泥潭里无法自拔。这时候既需要有人当头棒喝，更需要有直面自己的勇气。

▶▶ 第十二章　放弃僵化思维：

做人做事不能过于死板

　　我们做事情常在不自觉间被一些僵化的思维模式所束缚。思想决定行为，如果一个人的某些行为方式是必须放弃的，意味着他的某些思维方式应该首先放弃。但是，放弃身外之物易，放弃自身则难上加难，这需要在放弃的过程中有一个相对超然的处世态度。

放弃因循守旧的思维习惯

　　中国古代商朝的始祖商汤，以仁慈的心，布施仁政，就连孔圣人都称他是明君，并对他的道德倍加赞赏。商汤曾在他使用的盘子上面刻着

"苟日新、日日新、又日新"的字句；这句话真正的意义，是告诉我们，应该抱着日新又新的心理去观察每一件事情。如果能够确切实行，自己的思想也会愈变愈新。

商汤就是把这种观念当做自己的座右铭，才会把这句话刻在他每天都使用的盘子上。在3000多年前，一切变化都迟缓的时代，就能够有日新又新的观念，商汤不愧为一位伟大的领导者。

时代的进步有着快慢的差异，但它时刻都在转变中，所以说，即使昨天认为是无可挑剔的事情到了今日可能已是过时的了。在这多变的状况中，如果以十年如一日的方式反复去做同样的事情，一定没有成功的希望。所以，一个人应该敏锐地观察世态的变化，同时产生新的观念。更重要的是，要实行为了配合这种新观念所产生的新方法；而想要有新的方法，就必须自己先有日新又新的观念，不拘泥于过去的思想和做法。

比商汤稍晚的时代，大约是2500多年前，释迦牟尼曾说过"诸行无常"。希腊的哲学家赫拉克利特也说过"一切万物都在流转，连太阳也不例外。今天的太阳已经不是昨天的太阳了"。

可见不论东方或西方的圣贤都在强调"日新又新"的观念，更何况我们身处现在这种日新月异的时代。

美国实业家罗宾·维勒说："我成大事的秘诀很简单，那就是永远做一个不向现实妥协而刻意创新的叛逆者。"罗宾·维勒的言行是一致的。我们能从罗宾·维勒的身上看到创新思维对一个人成就事业所起的作用有多么巨大。

当短帮皮靴成为一种全美流行时尚的时候，每个从事皮靴业的商家几乎都趋之若鹜地抢着制造短皮靴供应各个百货商店，他们认为赶着大潮流走要省力得多。

罗宾当时经营着一家小规模皮鞋工场，只有十几个雇工。

他深知自己的工场规模小，要挣到大笔的钱绝非易事。自己薄弱的资本、微小的规模，根本不足以和强大的同行相抗衡。罗宾如何在市场竞争中获得主动权，争取有利地位呢？他有两条路可以选择：

一是着眼于皮鞋的用料。就是尽量提高鞋料成本，使自己工场的皮鞋在质量上胜人一筹。然而，这条道路在白热化的市场竞争中行走起来是很困难的，因为自己的产品本来就比别人少得多，成本自然就比别人高了，如果再提高成本，那么获利有减无增。显然，这条道路是行不通的。

二是着手皮鞋款式改革，以新领先。罗宾认为这个方法比较妥当，只要自己能够翻出新花样、新款式，不断变换、不断创新，招招占人之先，就可以打开一条出路，如果自己设计的新款式为顾客所钟爱，那么利润就会接踵而至。

经过更深入的思考，罗宾决定走第二条道路。

他立即召开了一个皮鞋款式改革会议，要求工场的十几个工人各尽其能地设计新款式鞋样。

为了激发工人的创新积极性，罗宾规定了一个奖励办法：凡是所设计的新款鞋样被工场采用的设计者，可立即获得 1000 美元的奖金；所设计的鞋样通过改良可以被采用，设计者可获 500 美元奖金；即使设计的鞋样不能被采用，只要其设计别出心裁，均可获 100 美元奖金。

与此同时，他又建立了一个设计委员会，由 5 名熟练的造鞋工人任委员，每个委员每月额外支取 100 美元。

这样一来，这家袖珍皮鞋工场里，马上掀起了一阵皮鞋款式设计热潮，不到一个月，设计委员会就收到40多种设计草样，采用了其中3种款式较别致的鞋样。罗宾立即召集全体大会，给这3名设计者颁发了奖金。

罗宾的皮鞋工场根据这3种新款式来试行生产了。

第一次出品是每种新款式各制皮鞋1000双，立即将其送往各大城市推销。

顾客见到这些款式新颖的皮鞋，立即掀起了一阵购买热潮。

两星期后，罗宾的皮鞋工场收到2700多份数量庞大的订单，这使得罗宾终日忙于出入各大百货公司经理室大门，跟他们签订合约。

因为订货的公司多了，罗宾的皮鞋工场迅速扩大起来，3年之后，他已经拥有18间规模庞大的皮鞋工场了。

皮鞋工场增多，危机也随之而来，做皮鞋的技工显得供不应求了。最令罗宾头疼的情形是别的皮鞋工场尽可能地把工资提高，挽留自己的工人，即便罗宾出重资，也难以把其他工场的工人拉出来。缺乏工人对罗宾来说是一道致命的难关。因为他接到了不少订单，如无法给买主及时供货，这将意味着他得赔偿巨额的违约损失。

罗宾忧心忡忡。他又召集18家皮鞋工场的工人开了一次会议。他始终相信，集思广益，可以解决一切棘手的问题。

罗宾把没有工人可雇用的难题告诉大家，要求大家各尽其力地寻找解决途径，并且重新宣布了以前那个动脑筋有奖的办法。

会场一片沉默，与会者都陷入思考之中，不遗余力地想办法。

过了一会儿，有一个小工举起右手请求发言，得到罗宾的嘉许后，他站起来怯生生地说：

"罗宾先生，我以为雇请不到工人无关紧要，我们可用机器来制造皮鞋。"

罗宾还来不及表示意见，就有人嘲笑那个小工：

"孩子，用什么机器来造鞋呀？你是不是可以造一种这样的机器呢？"

那小工窘得满面通红，惴惴不安地坐了下去。

罗宾却走到他身边，请他站起来，然后挽着他的手走到主席台上，朗声说道：

"诸位，这孩子没有说错，虽然他还没有造出一种造皮鞋的机器，但他这个办法却很重要，大有用处，只要我们围绕这个概念想办法，问题定会迎刃而解。"

"我们永远不能安于现状，思维不要局限于一定的桎梏中，这才是我们永远能够不断创新的动力。现在，我宣告这个孩子可获得 500 美元的奖金。"

经过 4 个多月的研究和实验，罗宾的皮鞋工场的大量工作就已被机器取代了。

罗宾·维勒的名字，在美国商业界，就如一盏耀眼的明灯，他之所以能成大事，与时时保持锐意创新的精神是密不可分的。

不要被条条框框所束缚

一位犹太大师即将离开人世的时候，他的弟子们都来到病床前，同他告别。弟子们都站在大师的床前，最聪明的学生站在最前边，在大师的头部，最笨的学生就排到了大师的脚边。大师只剩下一口气，最优秀的学生俯下身，轻声问大师："先生，在您即将离开我们的最后时刻，能否请您以简洁的语言告诉我们：人生的真谛是什么？"

大师积攒了一点力气，从枕头上微微抬起头来，喘息着说道："人生就像一条河。"

第一位弟子转向第二聪明的弟子，轻声说："先生说了，人生就像一条河。向下传。"第二聪明的弟子又转向下一位弟子说："先生说了，人生就像一条河。向下传。"这样，大师箴言就在弟子间一个接着一个地传下去，一直传到床脚边那个最笨的弟子那里，他开口说："先生为什么说人生像一条河？他是什么意思呢？"

他的问题被传回去："那个笨蛋想知道，先生为什么说人生像一条河？"

最优秀的弟子打住了这个问题。他说："我不想用这样的问题去打扰先生。道理很清楚：河水深沉，人生意义深邃；河流曲折回转，人生坎坷多变；河水时清时浊，人生时明时暗。把这些话传给那个笨蛋。"

这个答案在弟子中间一个接着一个传下去，最后传给了那个笨弟子。但是他还坚持提问："听着，我不想知道那个聪明的家伙认为先生这句话是什么意思，我想知道先生自己是什么意思。'人生像一条河'，先生说这句话，到底要表达什么意思？"

因此，这个笨弟子的问题又被传回去了。

那个最聪明的学生极不耐烦地再俯下身去，对弥留之际的犹太大师说："先生，请原谅，咱们班上最笨的学生让我请教您：'您说人生就像一条河，到底是什么意思？'"

学识渊博的大师使出最后的一点力气，抬起头说："那好，人生不像一条河。"说完，他双肩一耸，去世了。

这个故事说明了真理与空言之间没有太多的差异。

假设这位犹太大师在回答那位笨学生的傻问题之前死去，他的那句话"人生就像一条河"也许就会被演绎成一套深奥的人生哲学。他那些忠实的门生会走遍世界，传播他的智慧。有人也会为此写出很多著作。

在接受别人所谓的唯一可行的办法，或者所谓的"板上钉钉"的道理时，要敢于提出相反的思路，挑战一切；不怕提出"愚蠢"的问题，永远不被权威人士吓倒。

把教条全部抛开，用你自己的方式做事。

不做金钱的仆人

无论时间、地点、自己处在一种什么样的状况下，权力对人的诱惑力都很大，换句话说，每一个人都崇拜权力。

崇拜权力的人并不一样，有的为丰收而祷告，有的为美丽或聪明而祷告。一个普通的美国人他所崇拜的权力则是，银行里的巨款，可以在大的俱乐部里尽情享受，可以驾驭行驶速度最快的汽车。

你也可以这样询问一个小孩子："你有低劣的心理吗？"他会望着你呆笑，因为他不懂其中的含义，但是，你如果问他："你将来大了，希望做一个什么样的人呢？"那他可能会告诉你："我要做一个救火员！"因为他的心目之中，威严地坐在救火车上，冲散路上各种普通的车辆，那救火员实在是达到了人类最伟大事业的高点。所以他要做救火员，因为在他看来救火员是有着代表最高权力的光荣。

有些人认为"心地和平"的价值，比世间一切财物的价值都高；有的人宁愿受大学的教育，而不愿拥有纽约的一半；还有些人以为"爱"就是权力，若能得到人家的爱，那么价值远在西印度九岛之上。

美国是世界上"金钱万能"国家的先锋队。它向来没有世袭的权力，只要努力工作，善于经商、赚钱，有了钱，就可变为有权力者了，因为有了钱，随之而来的名誉、地位、安全、快乐都可以得到。所以在当初，金钱只不过是用它来达到权力的目的的一种工具而已，后来却认为金钱本身就是权力者了。

想为达到目的所利用的工具，摇身一变自己成为目的的本身，你也就为此深陷泥潭而无法自拔。因为在当初，用金钱来达到权力的目的时，金钱是一种工具，所以大家容易获得它。现在，你既以它为目的，你就失去了原来的目的。金钱变成了你的目的时，就变成了你的主人了。在人类的历史之中，金钱是最无情最残酷的驾驭奴隶者。

例如，你要3万块钱，于是你劳苦工作，苦干不止，目的就是赚3

万块钱，任何阻碍你实现目的的因素，你会不顾一切排除，即使对你身心有益的活动你也不会参加，即使吃饭时你也在狼吞虎咽，你拼命地挤时间，原因只有一个：赚钱。除了"钱"之外，别无可取，别无可谈。毫不体贴你的妻子，对你的儿女也没有宠爱之心，即使在打球斗牌的时候，你也不当做享乐而游戏，为的也是赚钱。总之，钱是你生活中的重心，而你生活上唯一的兴趣是赚更多的钱。

经过诸多努力，你终于赚到了 3 万块钱。当银行里的付款员交给你一张清单的时候，你便感到了得意。但是，这不过是很短促的兴奋，因为你不能有了钱去周游世界，或做许多新衣服，买一辆精美的汽车；因为你在拼命赚钱的过程之中早已忘记了生活的方式，变成了金钱的奴隶了。你唯一喜欢的是赚钱，于是你继续努力。你会辩解，或说要为儿女筹一笔教育费，或说要捐助一所医院，以及其他各种的说法。其实，这些全是掩饰自己是奴隶的辩解罢了；其实，你钱越多，受钱的束缚就越紧，而享受快乐的机会也随着钱的增多而减少，你的一切都完了！将来会和可怜的老皇帝麦达斯用他的点金术，把世间一切都点成了黄金，直点到鸡蛋和面包也变为硬质的金子不能入腹时，就只好饿死是一样的。

我们曾看见有些享受世间物质上快乐的人们却患精神崩溃的病；我们也不难看见有些富得能买一个小国的财阀而买不到片刻的心境安定，这些人无法想通钱不是万能的。所以他们相信没有钱是不能生活的，然而当穷人来向他们求布施的时候，他或她是多么地愤怒啊！

总而言之，你如果要做一个快乐的人，一定要记住：金钱不是万能的，不是权力，只是用来达到目的的一种工具罢了。若你不注意发展你的人格而只注意赚钱，那么，全世界银行金库里的钱还不够替你买到快

179

乐！金钱变为你的生活目的时，怕连你的生活也要保不住了。这个时候，你不放弃生活，生活也会放弃你！

寻找心灵与精神的支点

　　当今社会，大多数人都被这色彩缤纷的物质世界所引诱，在这看似平静、实则暗藏汹涌的梦幻中迷失了方向。那么如何能在竞争激烈的市场中把握心灵与精神的支点，求得人生与环境的平衡，松下公司的创始人为我们做出了榜样。

　　现代市场瞬息万变，商场更是跌宕起伏。凡在商界立足的人，都在经受潮起潮落的考验、顺势逆势的煎熬。一时间也许捷报频传，战况尤佳，前途光明；转眼间，形势急剧下降，市场萎缩，资金困难，人才流失，疲惫不堪。

　　在此种情况下，大部分商人为寻求心灵上的平静和安慰，他们虔诚地去求神拜佛，就像西方人虔诚地走进教堂一样。特别是在港台及华裔商人中表现得更加明显。很难将这种方式归类到迷信里，它只不过是一种聊以自慰的信仰，寻求心灵和精神上的寄托和支点。因为商人是务实的，他们无非是想在世俗中找到一块宁静的绿地，这也是中国传统文化中超凡脱俗、宁静淡泊的理想人格在现代商人身上的折射。

　　随着松下电器风靡全球，松下幸之助也被誉为"经营之神"。其实，松下是人并不是神。创业之初，松下时常被商务上的各种困难和矛盾所困扰，难以自拔，加上体弱多病，神经衰弱，身心疲惫，烦躁不安。就在松下临近不惑之年时，遇上了"精神教父"加藤大观先生，松下从此拥有了心灵和精神上的支撑。

加藤先生是佛教真言宗和尚，从小在真言宗寺庙长大。他30岁时大病一场，3年不能站立，病愈后，他自认是靠佛的力量战胜病魔的，自此皈依真言宗，获得度牒。加藤并不长住寺院，他常给企业当参谋、做顾问。

松下与加藤两人真是有缘，一个视之为"精神教父"，一个认定为根器不劣的弟子。有一次，两人同室而居。一大早，松下告诉加藤先生，自己总是失眠。加藤对松下说："失眠是痛苦的。虽然我已70岁了，但一躺下去就呼呼大睡。你有大事业却心烦意乱，我两袖清风却心静气和，那说到底谁才是人生的成功者呢？"加藤劝松下应节制欲念，修身养性，提炼理念。当时，松下浑浑噩噩，似懂非懂。加藤则不失时机地说教，将东方先哲的至理名言："无欲则刚"，"无为而无不为"，"虚怀若谷，心旷似海"，"淡泊以明志，宁静以致远"化作甘露流入了松下干枯的心田。在加藤的启蒙点化下，松下长期修炼，在松下后半生里，不仅事业蒸蒸日上，而且生命之树常青。他一反年轻时代那种对生命所持的悲观态度，转向豁达、乐观、向上。甚至期望做一个跨越20世纪的人。松下于1989年与世长辞，享年96岁。

松下一生福禄双收。他成功的因素也是多方面的，其中与受加藤先生的指教、点拨密切相关。每当松下遇到挫折和烦恼，常会向加藤先生叙说、求教。但加藤先生极少向松下提供具体措施和方案，总是给他讲人生哲理、处世哲学，提供精神力量，使之有所傍依，使他从繁杂的商务涡流中摆脱出来，从另一个角度，用另一种方法重新思考再作判断。松下曾说："一个将军要赢得最后的胜利，除了千军万马，最重要的还得有个军师。而加藤先生便是我最重要的参谋。"更确切地说，加藤更多的是其精神上的教父、心灵上的依托。

松下把加藤先生敬若神明。同时，他也从实践中认识到：世上并没有神，只有富有远见的智慧的人。精神上的贫穷、空虚要比物质上的贫乏、短缺更可怕，更危险。真正的智慧应该学会随时反观自身，每天都放弃一个过去的我，每天都让一个全新的我诞生。